装饰装修工程施工

国家示范性高职院校重点建设专业精品规划教材（土建大类）

——国家高职高专土建大类高技能应用型人才培养解决方案

十二五

高等职业教育「十二五」精品规划教材

主　编／文　渝
副主编／邵乘胜

ZHUANGSHI ZHUANGXIU GONGCHENG SHIGONG

内容提要

本书根据高职高专示范院校建设的要求，基于工作过程系统化进行课程建设的理念，满足建筑工程技术专业人才培养目标及教学改革要求，主要以“内墙装修施工（含隔墙隔断）、楼地面装修施工（含卫生间防水）、顶棚装修施工、外墙面装修施工（含外墙防渗漏、幕墙）”等建筑界面和不同材料及构件为载体来安排。同时考虑学生的认知水平，由易到难地安排各个部分的课程内容，实现能力的递进。

书中共分内墙面装修施工（含隔墙隔断）、楼地面装修施工（含卫生间防水）、顶棚装修施工、外墙面装修施工（含外墙防渗漏、幕墙）4个学习情境。通过对不同装饰材料及构造的施工方法和流程，以及其效果和质量控制事项的介绍，实现对学生实施引导式教学。

本书可作为高职高专建筑工程技术、建筑装饰工程技术、工程造价、工程项目管理等专业的教学用书，也可供其他类型学校，如职工大学、函授大学、电视大学等相关专业选用，也可供有关工程技术人员参考。

图书在版编目(CIP)数据

装饰装修工程施工/文渝主编. —天津:天津大学出版社，2013.6(2022.1重印)
全国高职高专建筑设计类系列规划教材　国家示范性高职院校重点建设专业精品规划教材. 土建大类
ISBN 978-7-5618-4706-0

Ⅰ.①装…　Ⅱ.①文…　Ⅲ.①建筑装饰－工程施工－高等职业教育－教材　Ⅳ.①TU767

中国版本图书馆CIP数据核字(2013)第149035号

出版发行　天津大学出版社
地　　址　天津市卫津路92号天津大学内(邮编:300072)
电　　话　发行部:022-27403647
网　　址　publish. tju. edu. cn
印　　刷　廊坊市海涛印刷有限公司
经　　销　全国各地新华书店
开　　本　185mm×260mm
印　　张　9
字　　数　225千
版　　次　2022年1月第3版
印　　次　2022年1月第6次
定　　价　32.00元

国家示范性高职院校重点建设专业精品规划教材(土建大类)
编审委员会

总 序

国家示范性高职院校重点建设专业精品规划教材(土建大类)是根据教育部、财政部《关于实施国家示范性高等职业院校建设计划加快高等职业教育改革与发展的意见》(教高〔2006〕14号)及《教育部关于全面提高高等职业教育教学质量的若干意见》(教高〔2006〕16号)文件精神,为了适应我国当前高职高专教育发展形势以及社会对高技能应用型人才培养的需求,配合国家给示范性高职院校的建设计划,在重构能力本位课程体系的基础上,以重庆工程职业技术学院为载体,开发了与专业人才培养方案捆绑、体现"工学结合"思想的系列教材。

本套教材由重庆工程职业技术学院建工学院组织,联合重庆建工集团、重庆建设教育协会和兄弟院校的一些行业专家组成教材编审委员会,共同研讨并参与教材大纲的编写和编写内容的审定工作,是集体智慧的结晶。该系列教材的特点是:与企业密切合作,制定了突出专业职业能力培养的课程标准;反映了行业新规范、新技术和新工艺;打破了传统学科体系教材编写模式,以工作过程为导向,系统设计课程内容,融"教、学、做"为一体,体现高职教育"工学结合"的特点。

在充分考虑高技能应用型人才培养需求和发挥示范院校建设作用的基础上,编委会基于工作过程系统化理念构建了建筑工程技术专业课程体系,其具体内容有以下几点。

1. 调研、论证、确定岗位及岗位群

通过毕业生岗位统计、企业需求调研、毕业生跟踪调查等方式,确定建筑工程技术专业的岗位和岗位群为施工员、安全员、质检员、档案员、监理员,其后续提升岗位为技术负责人、项目经理。

2. 典型工作任务分析

根据建筑工程技术专业岗位及岗位群的工作过程,分析工作过程中各岗位应完成的工作任务,采用"资讯、计划、决策、实施、检查、评价"等六步骤工作法提炼出"识读建筑工程施工图(综合识图)"等43项典型工作任务。

3. 由典型工作任务归纳为行动领域

根据提炼出的43项典型工作任务,按照是否具有现实、未来以及基础性和范例性意义的原则,将43项典型工作任务直接,或改造后归纳为"建筑工程施工图及安装工程图识读、绘制"等18个行动领域。

4. 将行动领域转换配置为学习领域课程

根据“将职业工作作为一个整体化的行动过程进行分析”和“资讯、计划、决策、实施、检查、评价”的原则，构建“工作过程完整”的学习过程，将可行动领域或改造后的可行动领域转换配置为“建筑工程图识读与绘制”等18门学习领域课程。

5. 构建专业框架教学计划

具体参见天津大学出版社的《建筑工程技术专业人才培养方案与课程标准》一书。

6. 设计基础学习领域课程的教学情境

由课程建设小组与基础课程教师共同完成基础学习领域课程教学情境设计。基于专业学习领域课程所需的理论知识和学生后续提升岗位所需知识系统地设计教学情境，以满足学生可持续发展的需求。

7. 设计专业学习领域课程的教学情境

根据专业学习领域课程的性质和培养目标，校企合作共同选择以图纸类型、材料、对象、分部工程、现象、问题、项目、任务、产品、设备、构件、场地等为载体。并考虑载体具有可替代性、范例性、实用性的特点，对每个学习领域课程的教学内容进行解构和重构，设计出专业学习领域课程的教学情境。

8. 校企合作共同编写学习领域课程标准

重庆建工集团、重庆建设教育学会等企业和行业专家参与了课程体系的建设和学习领域课程标准的开发及审核工作。

在本套教材的编写过程中，编委会强调基于工作过程建设理念进行编写，强调加强实践环节，强调教材用图统一，强调理论知识满足可持续发展需要，采用了创建学习情境和编排任务的方式，充分满足“边学、边做、边互动”的教学要求，达到所学即所用。本套教材体系结构合理、编排新颖而且满足了职业资格考核的要求，实现了理论实践一体化，实用性强，能满足学生完成典型工作任务所需的知识、能力和素质方面的要求。

追求卓越是本系列教材的奋斗目标，为我国高等职业教育发展而勇于实践和大胆创新是编委会共同努力的方向。在国家教育方针、政策引导下，在编审委员会成员和作者团队的共同努力下，在天津大学出版社的大力支持下，我们力求向社会奉献一套具有“创新性和示范性”的教材。我们衷心希望这套教材的出版能够推动高职院校的课程改革，为我国职业教育的发展贡献自己微薄的力量。

从书编审委员会
2013年1月于重庆

前　言

建筑物的装饰装修主要以建筑的内墙面、外墙面、楼地面、顶棚等建筑围合面的饰面处理为主。目前，建筑装饰装修越来越广泛，本课程以建筑的三大围合面为主要研究对象，研究不同材料和构造的装饰装修施工工艺、施工技术和施工方法，其特点包括实践性强、综合性大、社会性广、新技术新材料发展快。其主要内容包括各种材料构件施工图的识读、主要构造、施工流程及方法、质量及安全控制。本书根据高职高专人才培养目标和工学结合人才培养模式以及专业教学改革的要求，综合所有编者多年的教学实践经验编写而成，采用“边学、边做、边互动”的模式，实现所学即所用。

高职高专院校专业设置和课程内容的选取要充分考虑企业和毕业生就业岗位的需求，考虑到建筑工程技术专业和建筑装饰工程技术专业的毕业生走向施工员、安全员、质检员、档案员、监理员等岗位和岗位群，因此本书在内容选取中，涉及楼地面、内墙面、顶棚和外墙面等建筑围合面的装饰装修，每个内容又涉及读图、构造、施工、质量控制等任务。由于其核心岗位为施工员，所以在四个情境的内容编排和选取上有所侧重。

本书是集体智慧的结晶，国家示范性高职院校重点建设专业精品规划教材（土建大类）编审委员会、重庆建工集团、重庆建设教育协会等企业、行业、学校的专家审定教材编写大纲，在教材编写过程中进行指导、参与研讨。本书由文渝担任主编并统稿，由游普元完成定稿和审核。参与本教材编写的老师有重庆工程职业技术学院文渝、邵乘胜、舒江、钟刚、邹松夏。

学习情境 1 为内墙面装修施工（含隔墙隔断）。主要内容包括：石材墙、柱面施工工艺，陶瓷墙、柱面施工工艺，木护墙板施工工艺，裱糊、皮革软包施工工艺，隔墙、隔断施工工艺及质量验收标准。

学习情境 2 为楼地面装修施工（含卫生间防水）。主要内容包括：楼地面的组成与分类，整体式地面施工，陶瓷地砖、锦砖楼地面施工，天然大理石与花岗石板楼地面施工，木质楼地面施工，地毯楼地面施工，厨房卫生间防水施工。

学习情境 3 为顶棚装修施工。主要内容包括：室内装饰顶棚施工图识读、室内装饰顶棚的分类、室内装饰顶棚的施工方法（木龙骨、U 形轻钢龙骨、T 形金属龙骨）。

学习情境 4 为外墙面装修施工(含外墙防渗漏、幕墙)。主要内容包括:幕墙种类及识读、玻璃幕墙构造、幕墙安装施工、外墙面装修施工的质量通病、外墙面装修施工的质量及安全控制、玻璃幕墙工程实例。

课程导入和学习情境 1 由邵乘胜编写;学习情境 2 由钟刚编写;学习情境 3 由邹松夏编写,学习情境 4 由舒江编写。

本书在“学习目标”描述中所涉及的程度用语主要有“熟练”“正确”“基本”。“熟练”指能在规定的较短时间内无错误地完成任务,“正确”指在规定的时间内无错误地完成任务,“基本”指在没有时间要求的情况下,不经过旁人提示,能无错误地完成任务。

由于是第一次系统化地基于工作过程,并按照不同材料装饰构造分类编写本书,难度较大,加之编者水平有限,缺点和错误在所难免,恳请专家和广大读者不吝赐教、批评指正,以便我们在今后的工作中改进和完善。

编者

2012 年 8 月

目　录

0 课程导入

【学习目标】

知识目标	能力目标	权重
能正确表述装饰施工的含义	能正确领悟装饰施工的程序及工作过程	0.20
能正确表述装饰施工的内容、种类	能正确领悟装饰施工的内容、种类及在装饰工程中的应用，并与校内的室内装饰工程相联系	0.20
能基本正确地表述装饰施工技术的发展趋势	能正确指出我国某些地标性建筑物的室内装饰工程	0.15
能熟练表述本课程的性质与目标	能正确领悟本课程与其他课程间的衔接关系	0.15
能熟练表述本课程的学习方法和要求	能正确领悟各学习方法在本课程中的应用	0.15
能正确表述本课程的考核方法	能正确理解并适应本课程的考核办法	0.15
合 计		1.00

【教学准备】

准备 10 ~ 20 min 的教学录像，其内容主要是介绍装饰施工图纸、过程、结果及装饰施工的发展历程。

【教学方法建议】

集中讲授、小组讨论、观看录像、读图正误对比、拓展训练等。

【建议学时】

2 学时

0.1 装饰施工的含义

为保护建筑物的主体结构、完善建筑物的使用功能和美化建筑物，采用装饰装修材料或饰物，对建筑物的内外表面及空间进行的各种处理过程，称为装饰施工。本课程主要研究建筑物室内的装饰装修工程施工。装饰工程施工的程序及工作过程，如图 0.1 所示。

装饰施工的种类有：抹灰工程、门窗工程、吊顶工程、轻质隔墙工程、饰面板（砖）工程、幕墙工程、涂饰工程、裱糊与软包工程、细部工程等。本书主要研究内墙装修施工（含隔墙、隔

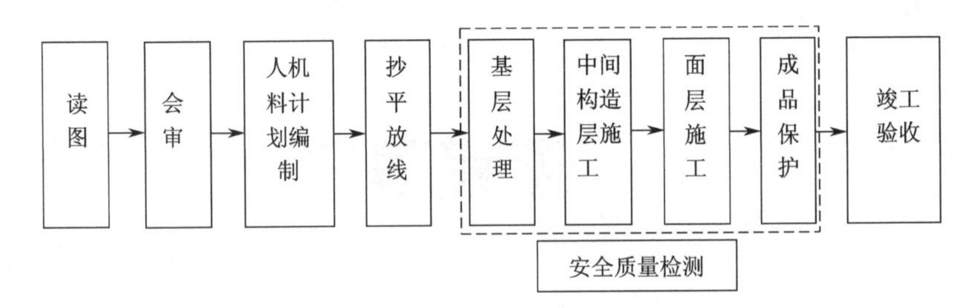

图0.1 装饰工程施工的程序及工作过程

断),楼地面装修施工(含卫生间防水),外墙面装修施工(含外墙防渗漏、幕墙),顶棚装修施工。

0.2 装饰施工的分类

1. 内墙装修施工(含隔墙、隔断)

内墙装修施工是指在建筑物内部墙体和柱子表面进行的造型、遮挡、保护性装饰,见图0.2。

图0.2 内墙装修施工示意图

2. 楼地面装修施工(含卫生间防水)

楼地面装修施工是指在建筑物内部楼面和地面进行的造型、遮挡、保护性装饰,见图0.3。

图0.3　楼地面装修施工示意图

3. 外墙面装修施工(含外墙防渗漏、幕墙)

外墙面装修施工是指在建筑物外部墙体和柱子表面进行的造型、遮挡、保护性装饰,见图0.4。

图0.4　外墙面装修施工示意图

4. 顶棚装修施工

顶棚装修施工是指在建筑物内部顶棚表面进行的造型、遮挡、保护性装饰,见图0.5。

图 0.5　顶棚装修施工示意图

0.3　建筑装饰施工技术的发展概况

近年来,我国建筑装饰行业发展迅猛,它在国民经济的发展中占有举足轻重的地位。新型装饰材料的研制、推广和应用,使装饰造型艺术更加新颖别致。装饰更新周期的不断缩短,使建筑装饰施工业应运崛起。以此可以预见其发展前景广阔,并可能在不长的时间内赶上世界发达国家的建筑装饰技术水平。

改革开放的持续推进,为建筑装饰业注入了生机和活力,一系列标志性建筑装饰物先后落成,如北京国家大剧院内部装修、北京国家体育场(鸟巢、水立方)内部装修、上海世博会建筑设施内部装修、人民大会堂内部装修、重庆大剧院内部装饰、重庆科技馆内部装修等。

0.4　学习领域的性质及目标

1. 性质

建筑装饰工程施工是土建类专业的必修课。

2. 前导课程

前导课程有建筑工程材料的选择与检测、建筑工程图的识读与绘制、建筑功能及建筑构造分析、施工机具设备选型、钢筋混凝土主体结构施工等。

3. 平行课程

平行课程有特殊工程施工、建筑工程施工组织编制与实施等。

4. 后续课程及职业能力知识

后续课程有建筑工程质量通病分析及预防、工程竣工验收及交付等。本书内容中包含装饰施工员资格证考试中要考核的许多内容,如装饰施工图的识读、装饰材料下料长度计算、材料选择检测、装饰施工工艺、质量控制、安全检查等方面的内容。

0.5 教学方法和考核方法

1. 教学方法

建议采用多媒体教学、案例教学、任务式教学,到实训基地、施工现场等进行实境教学。

2. 考核方法

建议采用形成性评价和总结性评价相结合的方法进行考核。形成性评价是指在教学过程中对学生的学习态度、作业及任务单完成情况进行的评价。在每一个学习情境中,建议学习态度占 10 分、书面作业占 15 分、任务单完成情况占 15 分、实作占 30 分,共 70 分。总结性评价是指在教学活动结束时,对学生整体技能情况的评价,占 30 分。其中各学习情境所占比值如表 0.1 所示。

表 0.1 各学习情境在总结性评价中所占比值一览表

序号	学习任务	评价内容	评价比值
1	课程导入	评价学生对装饰工程施工的认知程度	5
2	内墙装修施工(含隔墙、隔断)	评价学生对内墙施工图的识读、内墙装饰的结构构造、人机料计划的编制、内墙的施工(包括柱面、隔墙、隔断)及质量安全控制等方面的应用能力	30
3	楼地面装修施工(含卫生间防水)	评价学生对楼地面施工图的识读、楼地面的结构构造、人机料计划的编制、楼地面的施工(包括楼面、地面)及质量安全控制等方面的应用能力	30
4	外墙面装修施工(含外墙防渗漏装修施工、幕墙)	评价学生对外墙面施工图的识读、外墙面的结构构造、人机料计划的编制、外墙面的施工(包括外墙防渗漏、幕墙)及质量安全控制等方面的应用能力	15
5	顶棚装修施工	评价学生对顶棚施工图的识读、顶棚的结构构造、人机料计划的编制、顶棚的施工(包括顶棚、内部设备管线)及质量安全控制等方面的应用能力	20
合计			100

0.6　本课程的特点和学习方法

装饰装修工程施工是一门综合性、时效性很强的专业课程，它综合运用装饰工程材料的检测与选择、建筑功能及建筑构造分析、建筑结构构造及计算、建筑工程测量、施工机具设备选型等课程知识和国家颁发的现行装饰工程施工及验收规范和相关施工规程，来解决主体结构施工中的问题。

施工技术与生产实践联系非常紧密，生产实践是施工发展的源泉，而技术的发展日新月异，给装饰施工提供了日益丰富的技术内容。因此本课程也是一门实践性很强的课程。由于技术发展迅速，本课程内容的综合性、实践性、时效性强，涉及的知识面广，学习中需勤动手、勤动脑、勤动口、勤查阅相关资料，重视课内实训、集中实训及协岗、定岗、顶岗实习等实践教学环节，实现“做中学、学中做、边做边学”，与学过的知识相联系，理论与实践相联系，培养学生的职业能力。

思考题

1. 请陈述装饰工程施工程序和施工种类。

2. 查阅有关资料和报纸杂志，陈述全国有哪些重要或标志性建筑物装饰工程正在建设，其装饰施工在技术上有什么特点。

学习情境1　内墙面装修施工

【学习目标】

知识目标	能力目标	权重
能正确了解各种墙面装饰的类型	能进行墙面造型设计及根据墙面施工图进行现场放线	0.10
能正确理解、掌握各种墙面材料的性能及使用的范围和方法	掌握墙面材料的规格、性能、技术指标;墙面材料鉴别及运用	0.15
能根据不同的使用和装饰要求,正确选择相应的装饰材料和构造做法,并会识读相应的构造详图	能识读墙柱面装饰施工图,能将施工图、构造节点图转化为施工成果	0.20
能熟悉墙柱面装饰工程所用的施工机具,能正确指导现场施工	能根据不同的墙面装饰要求,选择相应的装饰施工机具,熟悉机具的安全操作规程	0.20
能掌握墙柱面施工的操作流程,含操作的动作速度、动作准确性和灵活性	能根据不同的装饰部位、装饰材料、装饰构造,选择相应的施工操作流程	0.25
学习墙柱面装饰工程的质量验收标准及常见质量通病与防治措施	能在墙柱面施工过程中正确进行安全控制、质量控制,分析并处理常见质量问题和安全事故。掌握墙柱面工程质量验收标准、检验方法、验收技能	0.10
合　计		1.00

【教学准备】

准备各工种(砌筑工、抹灰工、木工、油漆工等)的视频资料(各院校可自行拍摄或向相关出版机构购买),实训基地、水准仪、水平尺、水平管、型材切割机、石材切割机、油漆喷枪等机具及材料。

【教学方法建议】

集中讲授、小组讨论方案、制定方案、观看视频、读图正误对比、下料长度计算、基地实训、现场观摩、拓展训练。

【建议学时】

10(4)学时

内墙面装修施工的流程图,如图1.1所示。

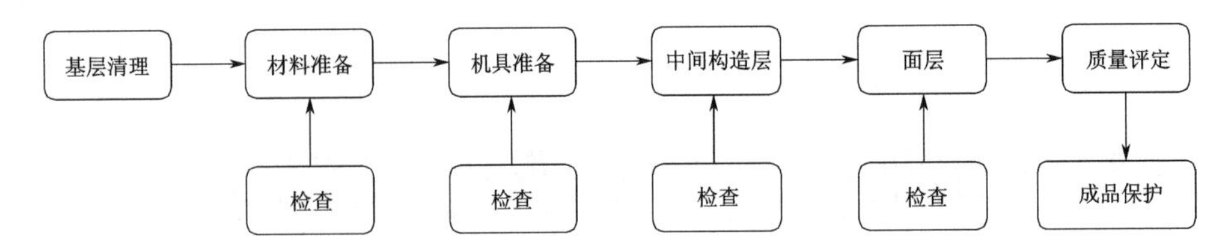

图 1.1 内墙面装修施工的流程框图

1.1 石材墙、柱面施工工艺

1.1.1 基础施工工艺

石材墙面、柱面铺贴方法较多,这里主要介绍湿挂法施工工艺和干挂法施工工艺。

1. 湿挂法施工工艺

湿挂法工艺是传统的铺贴方法,即在竖向基体上预设膨胀螺栓或 U 形件,焊接预挂钢筋网,用镀锌铁丝绑扎板材并灌注水泥浆或水泥石屑浆来固定石板材。此法适用于内墙面、柱面、水池立面铺贴大理石、花岗岩、人造石等饰面板材;也适用于外墙面、勒角等首层铺贴花岗岩、大理石、人造石等材料,常用于在砖砌基体上施工。

湿挂法铺贴要具备以下几个条件。

(1)根据实际测量尺寸,在施工之前按石材规格进行预贴试排,确保接缝均匀,符合施工设计的要求。对于复杂饰面的铺贴,则应实测后放大样进行校对,计算好接缝预留宽度,然后确定开料图并按顺序编号,以备安装。

(2)要求饰面石材的尺寸准确、表面光洁、边棱整齐。人造石(含水磨石)面层应石粒均匀、洁净、色泽协调。天然石材表面不得有隐伤、风化等缺陷;使用前,应根据设计要求,对饰面板材的类型、颜色和尺寸进行选择分类,对选用的花岗岩应进行放射性能指标复验。

(3)石材饰面板工程所用的锚固件与连接件,一般为镀锌、铜或不锈钢制。

(4)施工前应检查铺贴的基层是否具有足够的稳定性和刚度,要求垂直、平整,如果偏差较大应剔凿或修补。湿挂法铺贴前,光滑的基层应作凿毛处理并湿润,并且表面的砂浆、尘土、油污等要清洗干净。在条件允许下也可刷界面剂来进行处理,效果会更好。

(5)装配式挑檐、托柱等的下部与墙或柱相接处,大型独立柱脚与地面相接处,镶贴饰面板时应留有适量缝隙,门窗等部位要预先做好安排。

(6)冬天因寒冷天气不便施工时,如果要继续施工,应采取防冻措施保证砂浆的使用温度不得低于 5 ℃。夏天镶贴室外饰面板,应防止曝晒。

(7)为了防止接缝处渗水,在镶贴装饰板材时其接缝应填嵌密实。室内安装光面和镜面饰面板,其接缝应干接;水磨石人造板亦相同,接缝处应采用与饰面板相同颜色的云石胶填嵌。对粗磨面、麻面、条丝面、天然面饰面板的接缝和勾缝,应用水泥砂浆。分段镶贴时,分段相接处应平整,缝宽一致。对光面、镜面板材,接缝宽度保持 1 mm,粗磨面、麻面、条纹面保持

5 mm，天然面 10 mm，水磨石则保持 2 mm。

(8)饰面石材不宜用易褪色的材料包装，避免污染变色。在运输堆放过程中，应在地面垫木方，光面对光面侧立堆放，注意保护棱角不受损坏。

1)施工准备

(1)材料。做好板材进场检验工作，如对石板材进行边角垂直测量、平整度检验、角度检验和外观缺陷检验。在组织挑选、试拼后，进行编号，根据型号、规格、技术要求分别堆放在仓库内。32.5 级以上普通硅酸盐水泥或矿渣硅酸盐水泥、粗沙或中砂、白水泥、铜丝或镀锌铁丝、膨胀螺栓、尾孔射钉、ϕ 6 mm 钢筋、环氧树脂类结构胶黏剂等，另外还要准备一定量的石膏粉。

(2)机具。常用的机具有砂浆搅拌机、角磨机、切割机、冲击钻、电锤、电焊设备、水平尺、靠尺板、筛网、小线、线坠、橡皮锤等。

(3)验收。做好结构验收，水电、通风、设备安装等应提前完成。大面积施工前应先做样板，经质检部门、设计、甲方、施工单位共同认定后方可全面施工。

(4)工艺交底。认真熟悉加工开料图，编好技术措施，做好班组施工工艺交底，并且确定好阴、阳角处的接拼形式，必要时进行磨角加工。

(5)划分尺寸。根据建筑图中标明饰面石材的铺贴高度，并按此高度划分一定尺寸的格子，每格一块石材，这就是设计的开料图。它作为建筑图的补充和订货的依据。

(6)对于可用的破裂板材应提前处理，对棱角、坑洼、麻点等缺陷进行修补，可用环氧树脂等胶黏剂和被补处石材相同的细粉(或白水泥、颜料)调成腻子嵌补。腻子配比为 6101 环氧树脂: 乙二胺: 邻苯二甲酸二丁酯: 粉料 = 100: 10: 100: 200。嵌补棱角时可用胶带纸支模，固化后撕去胶带纸，用 100 ~ 800 目砂纸逐次打磨平整，最后打蜡抛光。

在黏结破裂的板材时，其黏结面必须清洁，必要时可用酒精擦拭。在两个黏结面上均匀涂抹环氧树脂胶黏剂(配比为 6101 环氧树脂: 乙二胺: 邻苯二甲酸二丁酯 = 100: (6 ~ 8): 20，颜料适量)，使其在温度不低于 15 ℃下固化 3 h。一般情况下修补过的板材应铺贴到阴角或最上层等不太显眼的部位或者裁成小料使用。

2)施工步骤

板材钻孔、剔槽、预下镀锌铁丝→板材安装→灌浆→嵌缝清洗→伸缩缝处的处理。

3)施工要点

(1)板材钻孔、剔槽、预下镀锌铁丝。

①按设计要求将加工好的板材进行钻孔、剔槽。可将其固定在木架上用台钻打孔。

孔径宜为 ϕ 5 mm，孔深 15 ~ 20 mm，或 35 ~ 40 mm，孔的形式有牛鼻小孔、直孔和斜孔。板宽大于 600 mm 时宜增加孔数，但每块板的上、下(或左右)打孔数量不得少于 2 个。改进后孔顶可开槽，深 5 ~ 6 mm，将镀锌铁丝下压入槽中，填充环氧树脂类结构胶黏剂胶黏牢固，以便与墙体钢筋网连接。

②对于强度很高的花岗石饰面板，钻孔困难时可用切割机在花岗石上下端面锯槽口，用 20 mm 左右镀锌(铜)铁丝埋卧在槽口中固定，见图 1.2，一端顺孔槽埋卧，并用环氧树脂胶黏

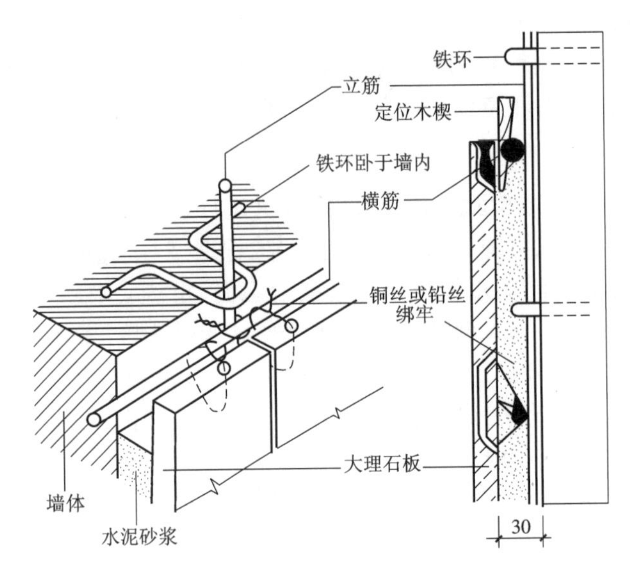

图 1.2 湿挂法石材施工构造图

牢;另一端则伸出板外以便与墙体钢筋网连接。

③在基体上钻孔,下预埋件,焊接预挂钢筋网。用冲击电钻在基体上钻 ϕ 8 ~ 10 mm、深 60 mm以上的孔,打入膨胀螺栓或埋入 U 形件,如图 1.2 所示。焊接横向钢筋,间距宜比板的竖向尺寸短 80 ~ 100 mm。

(2)板材安装。

板材的安装一般是先做地面,后做立面,由下向上一排一排地进行。

①预排、找平。要按照事先拉好的水平线和垂直线对板材进行预排、找平。

②安装。从中间或一端开始安装。用托线板及靠尺使板材靠直靠平后,随即用钢丝或镀锌铁丝把板材与钢筋网架绑扎固定,保证板与板交接处四角平整。

③采用膨胀螺栓或 U 形件固定板材时,板与基体的距离一般控制为 30 ~ 50 mm,每块板面应放置在控制线上,先使板材上端外仰,绑扎好板材下部连接部位,用木楔垫稳找正后再绑扎上部连接部位。上部连接部位可用木桩控制板材与基体的距离,将连接件与基体预埋件绑牢。

④用粥状的石膏将板上下及两侧缝隙堵严,做临时固定,再用靠尺检查有无变形,等石膏硬化后方可灌浆。

⑤安装时要处理好与其他部位的构造关系。如:门窗、贴脸、抹灰等厚度都应考虑留出饰面块材的灌浆厚度。要保证首排上口平直,为铺贴上一排板材提供水平的基准面,可采用卡具、螺栓等去撑平固定。

板材接缝有对接、分块、有规则、不规则、冰纹等。一般缝隙宽度在 1 ~ 2 mm。

常见大理石板、花岗石板的阴角拼接见图 1.3,阳角拼接见图 1.4。

(3)灌浆。

①在灌浆前,为防止板侧竖缝漏浆,应先在竖缝内填塞泡沫塑料条、麻丝或用环氧树脂等胶黏剂做封闭,同时用水润湿板材的基体和背面。

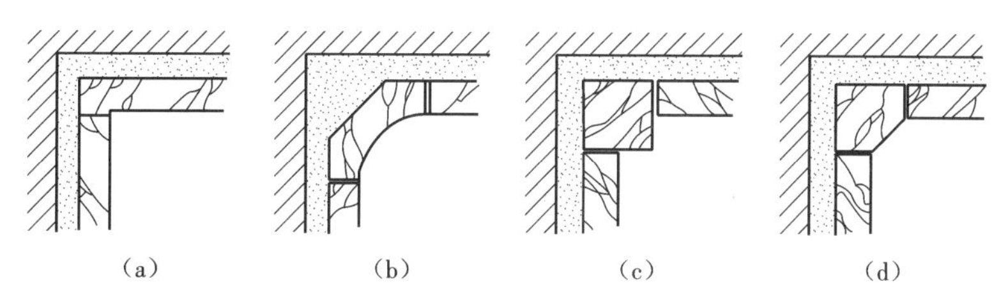

图1.3　大理石、花岗石墙面阴角的构造处理

(a)对接　(b)弧形转角　(c)方块转角　(d)斜面转角

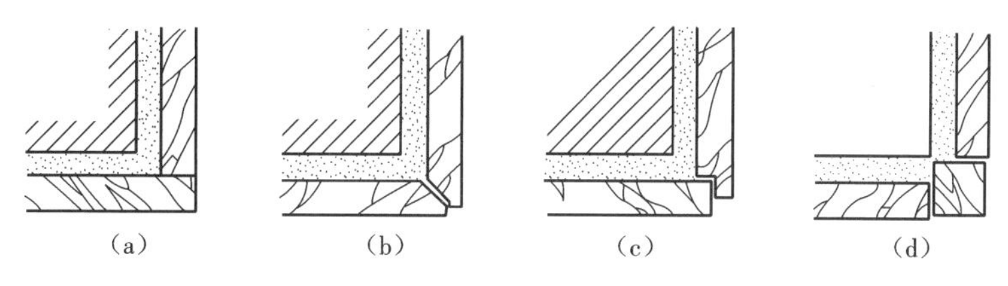

图1.4　大理石、花岗石墙面阳角的构造处理

(a)对接　(b)斜接　(c)企口　(d)加方块

②固定、填好板材的缝隙后，用1∶2.5水泥砂浆逐层灌注，边灌边用橡皮锤轻轻敲击，确保排除气泡，提高水泥浆的密实度和黏结力。每层灌注高度为150～200 mm且不得大于板高的1/3，插捣密实，灌浆过程中应从高处灌注，不得碰撞板材。

待其初凝后，检查板面是否移动错位，如移动应及时拆除重新安装；无移动则再继续灌注上层砂浆，直至距石板上口50～100 mm处停止，未灌注部分等上一排板材安装后再灌注，以使灌浆缝与板接缝错开，上下两排板材凝成一体，加强其整体刚度。

③安装浅色大理石、汉白玉饰面板材时，灌注砂浆应采用白水泥、白石渣，以免透底浸浆，污染板材外表而降低装饰效果。

④首层板灌浆完成后，正常养护到24 h以上，再安装第二排板材，这样依次由下往上逐排安装、固定、灌浆。

(4)嵌缝清洗。

①安装完毕后，清除所有石膏和余浆痕迹，以待进行嵌缝。对人造彩色板材、安装于室内的光面、镜面饰面板材的干接缝，应调制与饰面板材色彩相同的胶浆嵌缝。粗磨面、麻面、条纹面饰面板材的接缝，应采用1∶1水泥砂浆勾缝。饰面板材安装完毕后，如面层光泽受到影响，可以重新打蜡抛光，并要采取相应的措施保护棱角不被碰撞。

②在室外的光面和镜面花岗石饰面板材安装时，接缝可干接或在水平缝中垫硬质塑料板条等，垫塑料板条时应将挤出的砂浆保留，待砂浆硬化后，塑料板条剔出，用与板面相同颜色的细水泥砂浆嵌缝。

(5)伸缩缝处的处理。

将一块低于整体表面的未黏结的板材设置在伸缩缝处，铺贴时用两侧饰面板材将其压住，在未黏结板材两侧各用50 mm的海绵挡住，两侧饰面板所灌砂浆不与其黏结，为了适应伸缩缝变形的需要,可留有 30 mm 以上的伸缩余地。

(6)柱面的铺贴。

柱面大理石板或花岗石板的铺贴工艺与墙面基本相同。但是由于柱面有多种形式,如圆形、方形、多面形、弧形等,又多属独立或成排设置,是房屋的承重结构,所以在板材拼接角度和预留沉降缝隙要求上有所不同,其主要有以下几个特点。

①圆形、多面形柱面板材的铺贴。铺贴前应根据柱体的断面几何尺寸设计好开料图,即将柱体断面周长或多面形每一面长度实际尺寸求出,加上湿铺法或黏结法的黏结胶料厚度,就可设计出加工和异型板材订货的开料图,见图 1.5,当遇有一根柱上不同断面尺寸不同或为锥形柱时,应按选用板材单块的高度在不同断面设计开料图。

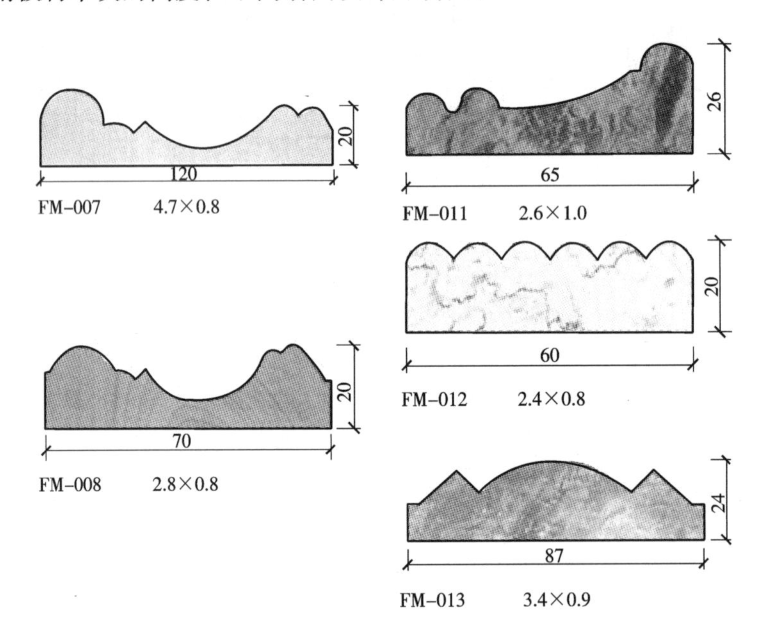

图 1.5 石材柱面线条加工图

②当工序采用先铺地面后铺贴柱面时,承重柱应预留下沉量,应在柱面下首排饰面板下方预留 20 mm 不贴板材。如后铺地面时则将柱面板材铺贴在地面板材下方为宜。

③在铺贴饰面板材之前先进行试排,然后编排好序号再进行铺贴。

2. 干挂法施工工艺

石板干挂法施工工艺就是通常所说的石材干挂施工。即在饰面石材上直接打孔或开槽,用各种形式的连接件(干挂构件)与结构基体上的膨胀螺栓或钢架相连接,而不需要灌注水泥砂浆,使饰面石材与墙体间形成 80 ~ 150 mm 宽的空气流通层的施工方法。其主要优点是施工相对简便,可减除基面处理和灌浆等工作量,避免了石材在使用过程中发生各种石材病症。

用这种施工方法,石材的安装高度可达 60 000 mm 以上,也是现代高层框架结构建筑的首选施工方法,可有效减轻建筑物自重以及提高抗震性能,并能适应较为复杂多变的墙体造型装饰工程。板材与板材之间的拼接缝宽度一般为 6 ~ 8 mm,嵌缝处理后增加了立体的装饰效果。

这种施工方法与湿挂法的不同点是：为保证石材有足够的强度和使用的安全性，必须增加石材的厚度（≥(18～20) mm），这样就要求悬挂基体必须具有较高的强度，才能承受饰面传递过来的外力。所用的连接件和膨胀螺栓等也必须具有较高强度和耐腐蚀性，最好选用不锈钢件方可适应这种施工要求。所以，石板干挂法工艺施工成本比湿挂法要高出很多。

干挂法有很多种，根据所用连接件形式的不同主要分为销针式（钢销式）、扳销式、背挂式三种。

销针式（钢销式）。在板材上下端面打孔，插入 φ 5 mm 或 φ 6 mm（长度宜为 20～30 mm）不锈钢销，同时连接不锈钢舌板连接件，并与建筑结构基体固定。其 L 形连接件，可与舌板为同一构件，即所谓"一次连接"法，如图 1.6 所示。

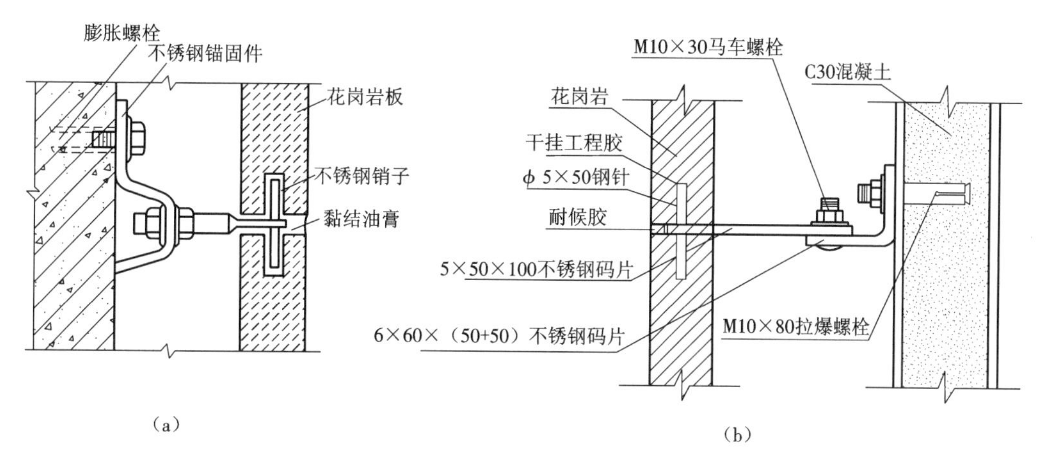

图 1.6　销针式干挂法石材施工构造

(a)钢销式　(b)销针式

也可将舌板与连接件分开，并设置调节螺栓，成为能够灵活调节进出尺寸的所谓"二次连接"法。

板销式。是将上述销针式勾挂石板的不锈钢销改为≥3 mm 厚（由设计经计算确定）的不锈钢板条式挂件、扣件，如图 1.7 所示。施工时插入石板的预开槽内，用不锈钢连接件（或本身即呈 L 形的成品不锈钢构件）与建筑结构基体固定。

背挂式。是一种崭新的石材干挂法施工形式。它的施工可达到饰面板材的准确就位，且方便调节、安装简易，可以消除饰面板材的厚度误差。

在建筑结构立面安装金属龙骨，于板材背面开半孔，用特制的柱锥式的铆栓与金属龙骨架连接固定即成，如图 1.8 所示。

1）施工准备

（1）材料的准备。角钢龙骨、锚栓、石板材、金属挂件、硅酮密封胶、发泡聚乙烯小圆棒、环氧树脂类结构胶黏剂等均要符合设计和质量要求。尤为严格控制、检查石板材的抗折、抗拉及抗压强度、吸水率、耐冻融循环等性能。

（2）机具的准备。切割机、电锤、冲击钻、手电钻、扳手、角磨机、电焊设备及其他工具。

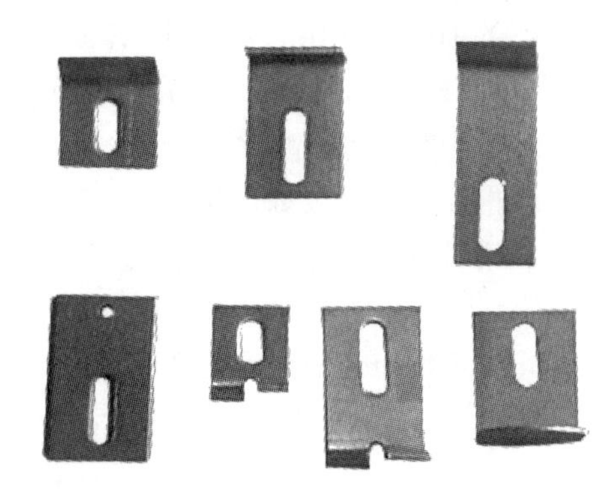

图 1.7　不锈钢板条式挂件、扣件

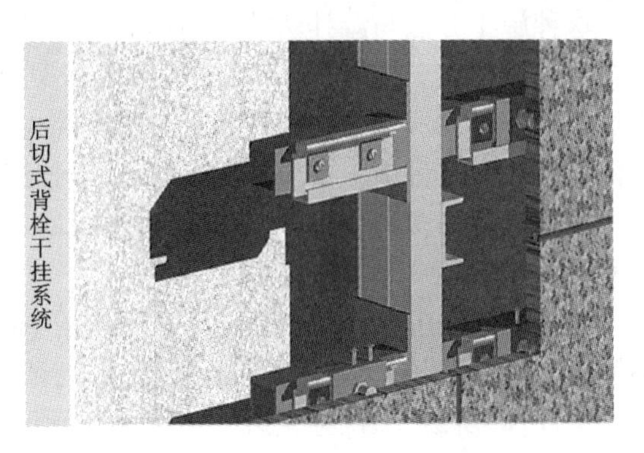

图 1.8　背栓式干挂石材施工构造

2)施工步骤

板材钻孔、开槽→板块补强→基面处理及放线→板材安装→接缝处的处理。

3)施工要点

(1)板材钻孔、开槽。根据设计尺寸在板材的上、下端面钻孔,孔的口径为 ϕ 8 mm 左右,孔深为 22 ~ 33 mm,与所用不锈钢销的尺寸相适应并加适当空隙余量;采用板销固定石板时,可使用角磨机开出槽位。孔槽部位的石屑和尘埃应用气动风枪清理干净。

(2)板材补强。所用天然石材的品种、规格尺寸及色彩等,均要满足设计的要求。为了提高板材力学性能及延长石材的使用寿命,对于未经增强处理的石材,可在其背面涂刷合成树脂胶黏剂,粘贴复合玻璃纤维网格布作为补强层。

(3)基面处理及放线。当混凝土墙体表面有影响板材安装的突出部位时(按不锈钢挂件尺寸特点,一般是在结构基体表面垂直度大于 150 mm 或基面局部突出使石板与墙身净空距离超过 50 mm 时),应予以凿削修整。

(4)板材安装。安装时应拉水平通线控制板块上、下口的水平度,可以利用托架、垫楔或其他方法将底层石板准确就位且做临时固定。板材应从最下一排的中间或一端开始,先安装好第一块石板作为基准,平整度以灰饼标志或垫块控制,垂直度应吊线锤或用仪器检测;一排安装完成后再进行上一排的安装。板材安装时,用冲击电钻在基体上打孔插入金属胀铆螺栓,配用的角钢龙骨做好防腐处理后,与金属胀铆螺栓之间拧紧并焊死。

一般的不锈钢挂件都带有配套螺栓,因此安装 L 形不锈钢连接件及其舌板的做法可参照其使用说明。用环氧树脂类结构胶黏剂(符合性能要求的石板干挂胶有多种选择,由设计确定)灌入下排板块上端的孔眼(或开槽),插入≥ϕ 5 mm 的不锈钢销(或厚度≥3 mm 的不锈钢挂件插舌),然后校正板材,拧紧调节螺栓。

1.1.2　表面处理

全部饰面板材安装完毕后,应将饰面板材清理干净,并且根据设计要求进行嵌缝处理,对于较深的缝隙,应先向缝底填入发泡聚乙烯圆棒条,然后外层注入石材专用的耐候硅酮密封胶。

1.1.3　石材墙、柱面施工质量验收标准

石材墙、柱面施工质量验收标准要求：立面垂直、表面平整、阳角方正、接缝平直、墙裙上口平直。具体要求见表1.1。

表1.1　块材饰面层允许偏差

序号	项次	允许偏差(mm)		检查方法
		光面	粗磨石	
1	室内	2	2	
	室外	2	4	
2	表面平整	1	2	用2 m托线板和塞尺检查
3	阳角方正	2	3	用20 cm方尺和塞尺检查
4	接缝平直	2	3	拉5 m小线和尺量检查
5	墙裙上口平直	2	3	拉5 m小线和尺量检查
6	接缝高低	0.3	1	用钢板短尺和塞尺检查
7	接缝宽度	0.3	1	用尺量检查

1.2　陶瓷墙、柱面施工工艺

1.2.1　基础施工工艺

1. 内墙釉面砖施工工艺

釉面陶瓷内墙砖或称釉面内墙砖，也可简称釉面砖、瓷砖、瓷片等，是用于内墙贴面装饰的薄片精陶建筑材料。该制品采用优质陶土或瓷土原料的泥浆脱水干燥，并进行半干法压型，素烧后施釉入窑釉烧或生坯施釉一次烧成。按其外形可分为正方形、矩形和异型配件砖；按其材料组成可分为石灰石质、长石质、滑石质、硅灰石质、叶蜡石质等。

用于铺贴室内墙面的陶瓷釉面砖，因其吸水率较大，坯体较为疏松，如果将其用于室外恶劣气候条件下，便易出现釉坯剥落的后果；而其釉面细腻光亮如镜，规格一致性好，厚度薄等优点，用于内墙十分理想，尤其适合盥洗室、厨房、卫生间以及卫生条件要求非常严格的室内环境。釉面砖表面光洁，耐酸碱腐蚀，方便擦拭清洗，加上有各种配件砖与之相配套以及极为丰富的颜色、图案装饰，镶嵌后的装饰效果非常好，因此很受欢迎。施工前要满足以下几个条件。

(1)主体结构的施工及验收完毕。

(2)门窗框、窗台板施工及验收完毕。铝合金、塑钢门窗框边缝所用嵌塞材料要符合设计要求，且应塞堵密实并事先粘贴好保护膜。做好内隔墙和水电预埋管线，堵好管洞；洗面器托

架、镜钩等附墙设备应预埋防腐木砖，位置要准确。

(3)完成墙顶抹灰、墙面防水层、地面防水层和混凝土垫层。

(4)弹好墙面 +500 mm 水平线。

(5)如室内层高、墙面大，需搭设脚手架时，其横竖杆及拉杆等应离开门窗口角和墙面 150 ~200 mm，架子的步高要符合设计要求。

(6)大面积铺贴内墙砖工程应做样板，经质量部门检查合格后，方可正式施工。

1)施工准备

(1)施工工具准备。木抹子、铁抹子、小灰铲、大木杠、角尺、托线板、水平尺、八字靠尺、卷尺、克丝钳、墨斗、尼龙线、刮尺、钢扁铲、小铁锤、扫帚、水桶、水盆、洒水壶、筛网、切砖机、合金钢钻子及拌灰工具等。

(2)施工材料准备。32.5 级以上普通硅酸盐水泥或矿渣硅酸盐水泥、粗中砂、白水泥、石灰膏、嵌缝剂等。

2)施工步骤

选砖→基层处理→规方、贴标块→设标筋→抹底子灰→排砖、弹线、拉线、贴标准砖→垫底尺→铺贴釉面砖→擦缝。如图 1.9 所示。

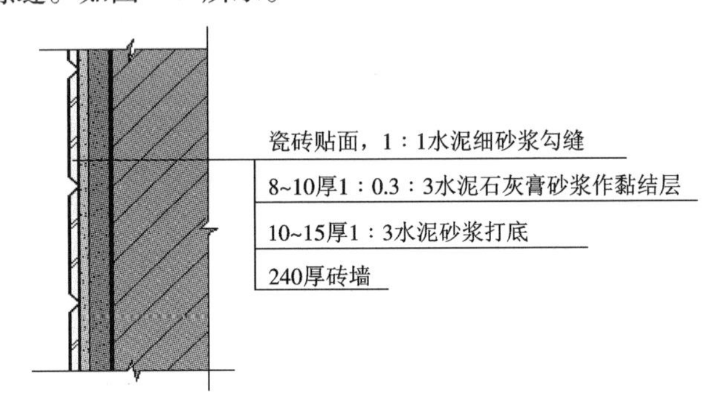

图 1.9　瓷砖墙面施工构造

3)施工要点

(1)选砖。在铺贴前应开箱验收，即根据设计要求选择规格一致、外形平整方正、不缺棱掉角、无开裂和脱釉以及色泽均匀的砖块与配件。发现破碎产品、表面有缺陷并影响美观的产品均应挑出。还应自制检查砖规格的套砖模具，将砖从一边插入，然后将砖转 90°再插另外两条边，按 1 mm 差距将砖分档为三种规格，将相同规格的砖镶在同一房间，不可大小规格混合使用，以免影响镶贴效果。

(2)基层处理。

基层为混凝土：剔凿基体凸出部分。如有隔离油污等，可先用 10% 浓度的火碱水洗干净，再用清水冲洗干净。将 1:1水泥细砂浆(可掺适量胶黏剂)喷或甩到基体表面作毛化处理，待其凝固后，分层分遍用 1:3水泥砂浆打底，批抹厚度约 10 mm，最后用抹子搓平呈毛面，隔日洒水养护。

基层为砖墙：将基层表面的灰尘清理干净，浇水润湿。用 1:3水泥砂浆打底，批抹厚度约 10 mm，要分层分遍进行操作；最后用抹子搓平呈毛面，隔日洒水养护。

基层为加气混凝土：用水润湿其表面，在缺棱掉角部位刷聚合物水泥砂浆一道，用1∶3∶9水泥石灰膏混合砂浆分层补平，干燥后再钉一层金属网并绷紧。在金属网上分层批抹1∶1∶6混合砂浆打底，砂浆与金属网连接要牢固，最后用抹子搓平呈毛面，隔日洒水养护。

纸面石膏板或其他轻质墙体材料基体：将板缝按具体产品及设计要求做好嵌填密实处理。板缝应添防潮材料，并粘贴嵌缝带(穿孔纸带或玻璃纤维网格布等防裂带)作补强，使之形成整体墙面，相邻的砖缝应避免在板缝上。建议在板材表面用清漆打底，以通过降低板面吸水率而增加黏结力。

(3)规方、贴标块。首先用托线板检查墙体平整、垂直程度，由此确定抹灰厚度，但最薄不应少于7 mm。遇墙面凹度较大处要分层涂抹，严禁一次抹得太厚，以防空鼓开裂。

在2 000 mm左右高度，距两边阴角100～200 mm处，分别做一个标块，大小可为50 mm×50 mm，厚度以墙面平整、垂直程度决定，常用1∶3水泥砂浆(或用水泥∶白灰膏∶砂＝1∶0.1∶3的混合砂浆)。根据上面两个标块用托线板挂垂直线做下面两个标块或在踢脚线上口处两个标块的两端砖缝分别钉上小钉子，在钉子上拉横线，线距标块表面1 mm，根据小线做中间标块，厚度与两端标块一样。标块间距为1 000～1 500 mm，在门窗口垛角处均应做标块。若墙高在3 000 mm以上，应两人一起挂线贴标块，一人在架子上吊线锤，另一人站在地面根据垂直线调整上下标块的厚度。

(4)设标筋(冲筋)。墙面浇水润湿后，在上下两个标块之间先抹一层宽度为100 mm左右的1∶3水泥砂浆，稍后抹第二遍凸起成八字形，应比标块略高，然后用木杠两端紧贴标块左右上下来回搓动，直至把标筋与标块搓到一样平为止。如图1.10所示。操作时要检查木杠有无受潮变形，以防标筋不平。

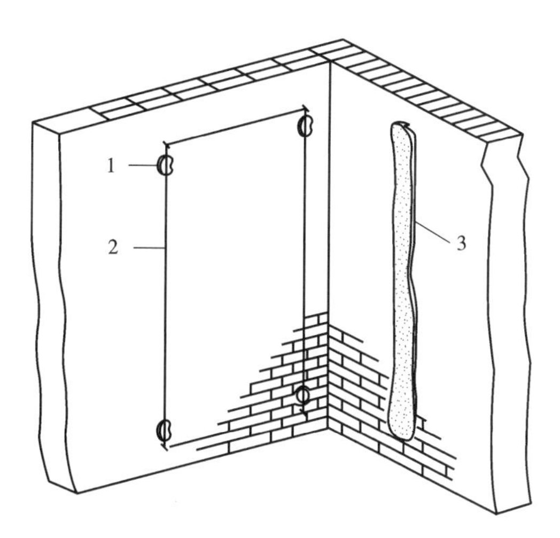

图1.10　规方、贴标块、设标筋

1—标志块；2—标志线；3—标筋

(5)抹底子灰。首先，先薄薄抹一层，再用刮杠刮平，用木抹子搓平后再抹第二遍，与标筋找平；其次，掌握好抹底灰的时间，过早易将标筋刮坏，产生凹现象；过晚待标筋干了，抹上的底子灰虽然看似与标筋齐平，可待底灰干了时，便会出现标筋高出墙面现象。不同的基层墙面，具体做法也有所不同。

砖墙面:先在墙面上浇水润湿,紧跟着分层分遍抹1∶3水泥砂浆底子灰,厚度约12 mm,吊直,刮平,底灰要扫毛或划出横向纹道,24 h后浇水养护。

混凝土墙面:先刷一道10%的107胶水溶液,接着分层分遍抹1∶3水泥砂浆底子灰,每层厚度以5~7 mm为宜。底层砂浆与墙面要黏结牢固,打底灰要扫毛或划出横向纹道。

加气混凝土或板:先刷一道20%的107胶水溶液,紧跟着分层分遍抹1∶0.5∶4水泥混合砂浆,厚度约7 mm,吊直、刮平,底子灰要扫毛或划出横向纹道。待灰层终凝后,浇水养护。

(6)排砖。根据设计要求和选砖结果及铺贴釉面砖墙面部位的实测尺寸,从上至下按块数排列。铺贴釉面砖一般从阳角开始,非整砖应排在阴角或次要部位,小余数可用调缝解决。如果缝宽无具体要求时,可按1~1.5 mm计算。排在最下一块的釉面砖下边沿应比地面标高低10 mm。

顶天棚铺砖,可在下部调整,非整砖留在最下层;遇有吊顶铺砖时,砖可伸入棚内50 mm,如竖向排列余数不大于半砖时,可在下边铺贴半砖,多余部分伸入棚内。

在卫生间、盥洗室等有洗面器、镜箱的墙面铺贴釉面砖时,应将洗面器下水管中心安排在釉面砖中心或缝隙处。如图1.11所示。

图1.11 卫生间排砖示意图

(7)弹线、拉线、贴标准砖。

弹竖线:经检查基层表面符合贴砖要求后,可用墨斗弹出竖线,每隔2~3块砖弹一竖线,沿竖线在墙面吊垂直,贴标准点(用水泥∶石灰膏∶砂=1∶0.1∶3的混合砂浆),然后,在墙面两侧贴定位釉面砖两行(标准砖行),大面墙可贴多条标准砖行,厚度5~7 mm。以此作为各块砖铺贴的基准,定位砖底边必须与水平线吻合。

弹水平线：在距地面一定高度处弹水平线，但离地面最低不要低于50 mm，以便垫底尺，底尺上口与水平线吻合。大墙面以1 000 mm左右间距弹一条水平控制线为宜。

拉线：在竖向定位的两行标准砖之间分别拉平整控制线，保证所贴的每一行砖与水平线平直，同时也控制整个墙面的平整度。

(8)垫底尺。为了防止釉面砖在水泥砂浆未硬化前下坠，可根据排砖弹线结果，在最低一块砖下口垫好底尺(木尺板)，顶面与水平线相平，作为第一块釉面砖的下口标准。

(9)铺贴釉面砖。在铺贴釉面砖前将砖浸水2 h，晾干后，可用1∶1水泥砂浆或水泥素浆铺贴釉面砖。在釉面砖背面均匀地抹满灰浆，以线为标准，位置准确地贴于润湿的找平层上，用小灰铲木把轻轻敲实，使灰浆挤满。贴好几块后，要认真检查平整度和调整缝隙，发现不平砖要用小铲将其敲平，亏灰浆的砖，应及时添灰浆重贴，对所铺贴的砖面层，严格进行自检，杜绝空鼓、不平、不直的毛病。照此方法一块一块自下而上铺贴。从缝隙中挤流出的灰浆要及时用抹布、棉纱擦净。

(10)擦缝。用专用的嵌缝剂嵌缝，嵌缝时要求均匀、密实，以防渗水。最后用清水将砖面冲洗干净，用棉纱擦净。

(11)冬期施工：对冻结法砌筑的墙体，应事先采取解冻措施，完全解冻后且室温在5 ℃以上时，方可在室内贴釉面砖。冬季在室内铺贴釉面砖时，要注意通风换气，监测湿度，对各种材料要采取保温防冻措施。砂浆温度不宜低于5 ℃。

2. 外墙砖施工工艺

外墙陶瓷饰面砖或简称外墙砖，是以优质耐火黏土、瓷土为主要原料，经压干成型后，在1 100 ℃左右煅烧制成的块状贴面装饰材料，与釉面内墙砖相比，其吸水率低有更好的耐久性。

外墙砖大体可分为炻器质(半瓷半陶)和瓷质两大类，有有釉和无釉之分。这类产品随着吸水率的降低，其耐候性提高，抗冻性好。在寒冷地区使用的外墙砖，吸水率以不超过4%为宜，而瓷化程度越好的产品，其造价也越高。

1)施工准备

施工前的准备同内墙釉面砖施工准备。

2)施工步骤

基体处理→抹找平层→刷结合层→排砖、弹线、分格→浸砖、铺贴外墙砖→墙砖勾缝与清理。

3)施工要点

(1)基层处理同内墙釉面砖施工。

(2)抹找平层。先润湿基体表面，可采用聚合物水泥细砂浆做拉毛处理，形成结合层。然后进行挂线、贴灰饼标志块和冲筋，其间距不超过2 000 mm。找平层可选用防水、抗渗性的水泥砂浆来分层施工，严禁空鼓，每层厚度控制在7 mm左右，且应在前一层终凝后再抹后一层，厚度应不大于20 mm，否则要做加固措施。找平层表面应刮平搓毛，并在终凝后浇水养护。檐口、窗台、雨篷和腰线等处，抹找平层时要留出流水坡和滴水线。

(3)刷结合层。可采用聚合物水泥细砂浆做拉毛处理或涂刷界面剂，形成结合层。

(4)排砖、弹线、分格。待基层六至七成干时，即可按设计进行排砖、确定接缝宽度，分段分格弹出控制线，同时动手贴面层标准点，以控制面层出墙尺寸及垂直平整度。排砖要用整砖，非整砖应排在阴角和次要部位，对于必须使用非整砖的部位，其宽度也应不小于整砖的1/3。应达到横缝与门窗台或腰线平行，竖线与阳角、门窗膀平行，门窗口阳角都是整砖。阳角处砖的压向一般是大面压小面、正面压侧面，在窗台(窗框下口处)应上面压下面。外墙砖组合铺贴形式多种多样：砖块竖贴、横贴；顺缝、错缝；宽缝、窄缝；横缝宽、竖缝窄，横竖宽缝以及留分格缝等形式。

(5)浸砖、铺贴外墙砖。不经浸水的外墙面砖吸水性较大，粘贴后会迅速吸收黏结层中的水分，影响黏结层的强度，造成粘贴不牢固。所以，经检查合格的砖粘贴前要先清扫干净，然后放入清水中浸泡。浸泡时间要在 2 h 以上，取出后阴干备用。

粘贴应自下而上进行，高层建筑可以分段进行。在每一分段或分块内的最下一层砖下皮的位置垫好靠尺(底尺)，并用水平尺校正，以此托住第一批砖，在砖外皮上口拉水平通线，作为铺贴的标准。在砖背面宜采用 1∶2水泥砂浆或 1∶0.2∶2的水泥∶石灰膏∶砂的混合砂浆铺贴，砂浆厚度为 6 ~ 10 mm，将砖贴于墙上后，用灰铲木把轻轻敲实、压平，使之附线，再用钢片开刀调整竖缝，并用杠尺通过标准点调整砖面水平与垂直度。

另一种做法是，用 1∶1水泥砂浆加水重 20% 的 107 胶，在砖背面抹 3 ~ 4 mm 厚粘贴即可，此做法要求基层必须十分平整，施工精度要求高。

女儿墙压顶、窗台、腰线等部位需要铺贴砖时，除流水坡度符合要求外，还应做成顶面砖压立面砖、正面砖压侧面砖的结构，以防向内渗水，引起空鼓。同时还应做成立面砖最低一块砖侧压底平面砖，并低出底平面砖 3 ~ 5 mm 的结构，使其起到滴水线(槽)的作用，防止屋檐渗水，引起墙面空裂。

对于阳角处，为了美观，往往采取两砖背面相对的边各磨成 45°角的形式，两砖相对合形成直角，棱角清晰、美观。一面圆砖用于墙裙收口；也可两面圆与一面圆结合应用。

(6)墙砖勾缝与清理。外墙砖的缝隙一般在 5 mm 以上，用 1∶1水泥细砂浆或专用嵌缝剂勾缝，宽窄以设计为准。先勾水平缝，再勾竖缝，勾好后要求凹进砖表面 2 ~ 3 mm。若横竖缝为干挤缝(碰缝)，或小于 3 mm 的情况，应用白水泥配矿物颜料进行擦缝处理。面砖勾完缝后，用布或棉纱蘸稀盐酸擦洗，最后用清水冲洗干净。如图 1.12 所示。

图 1.12　墙砖勾缝效果示意

(7)冬期施工。冬期施工一般只在低温初期进行，严寒阶段不能施工。

砂浆温度不得低于 5 ℃，砂浆硬化前，应采取防冻措施。可掺入能降低冻结温度的外加剂，其掺入量应由试验确定。

用冻结法砌筑的墙体，应待完全解冻后再抹灰，不得用热水冲刷冻结墙面或用热水消除墙面冰霜。

冬期施工，砂浆内的石灰膏和107胶不能使用，可采用同体积的粉煤灰代替或改用水泥砂浆抹灰，以防灰层早期受冻，保证操作质量。

1.2.2　表面处理

全部饰面安装完毕后，根据设计要求进行嵌缝处理，并将饰面板材清理干净。

1.2.3　陶瓷墙、柱面施工质量验收标准

陶瓷墙、柱面施工质量验收标准要求：立面垂直、表面平整、阴阳角方正、接缝平直、墙裙上口平直。具体要求见表1.2。

表1.2　陶瓷墙柱饰面层允许偏差

序号	项次	允许偏差（mm）		检查方法
		外墙面砖	釉面砖	
1	立面垂直	3	3	用2 m托线板和尺量检查
2	表面平整	2	2	用2 m托线板和塞尺检查
3	阴阳角方整	2	2	用20 cm方尺和塞尺检查
4	接缝平直	3	2	拉5 m小线和尺量检查
5	墙裙上口平直	2	2	拉5 m小线和尺量检查
6	接缝高低	1	1	用钢板短尺和塞尺检查

1.3　木护墙板施工工艺

1.3.1　木龙骨架基础施工工艺

1. 施工准备

（1）施工条件准备。

①墙体结构的检查。一般墙体的构成可分为砖混结构、空心砖结构、加气混凝土结构、轻钢龙骨石膏板隔墙、木隔墙。不同的墙体结构，对装饰墙面板的工艺要求也不同。因此要编制施工方案，并对施工人员做好技术及安全交底，做好隐蔽工程和施工记录。

②主体墙面的验收。用线锤检查墙面垂直度和平整度。如墙面平整误差在10 mm以内，采取垫灰修整的办法；如误差大于10 mm，可在墙面与木龙骨之间加木垫块来解决，以保证木

龙骨的平整度和垂直度。

③防潮处理。在一些比较潮湿的地区,基层需要做防潮层。在安装木龙骨之前,用油毡或油纸铺放平整,搭接严密,不得有褶皱、裂缝、透孔等弊病;如用沥青做密实处理,应待基层干燥后,再均匀地涂刷沥青,不得有漏刷。铺沥青防潮层时,要先在预埋的木楔上钉好钉子,做好标记。

④电器布线。在吊顶吊装完毕之后,墙身结构施工之前,墙体上设定的灯位、开关插座等需要预先抠槽布线,敷设到位后,用水泥砂浆填平。

(2)材料的准备。木龙骨、底板、饰面板材、防火及防腐材料、钉、胶均应备齐,材料的品种、规格、颜色要符合设计要求,所有材料必须有符合环保要求的检测报告。

(3)工具的准备。同木吊顶施工工艺的工具。

2. 施工步骤

基层处理→弹线→检查预埋件(或预设木楔)→制作木骨架(同时做防腐、防潮、防火处理)→固定木骨架→敷设填充材料→安装木板材→收口线条的处理→清理现场。施工构造如图 1.13 所示。

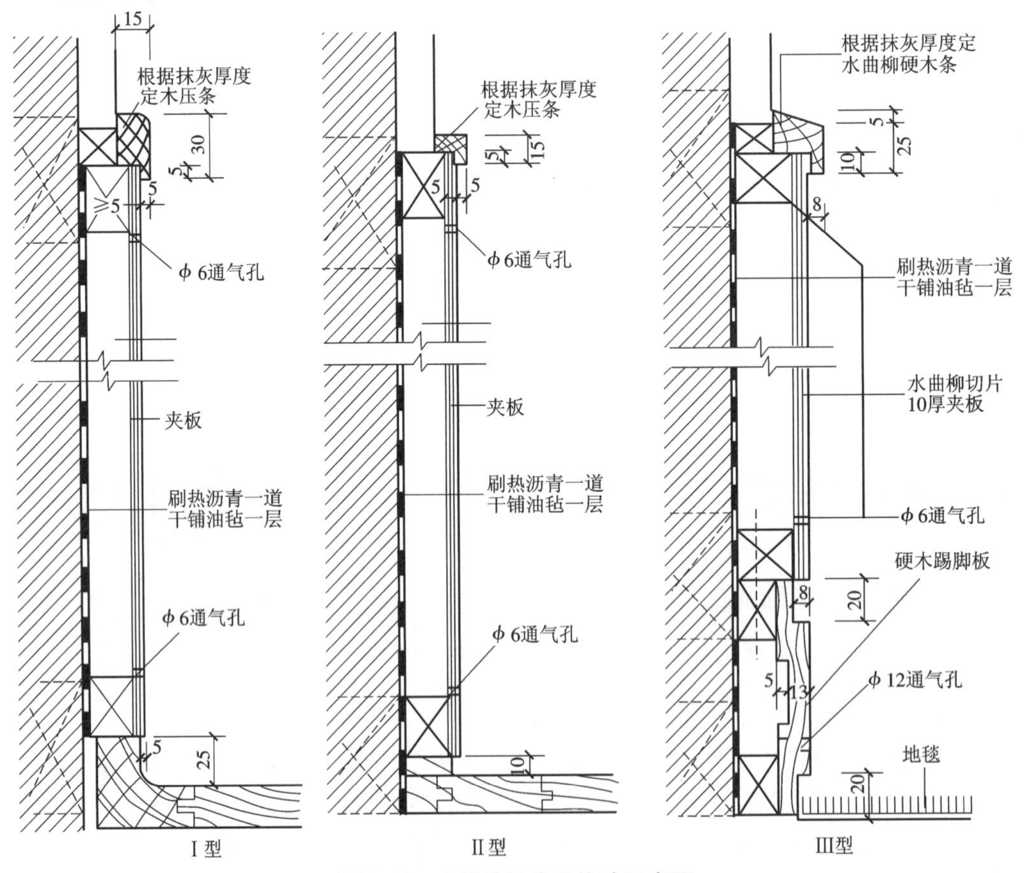

图 1.13　木护墙板施工构造示意图

3. 施工要点

(1)基层处理。不同的基层表面有不同的处理方法。

一般的砖混结构,在龙骨安装前,可在墙面上按弹线位置用 ϕ 16 ~ 20 mm 的冲击钻头钻孔,其钻孔深度不小于40 mm。在钻孔位置打入直径大于孔径的浸油木楔,并将木楔超出墙面的多余部分削平,这样有利于保证护墙板的安装质量。还可以在木垫块局部找平的情况下,采用射钉枪或强力气钢钉把木龙骨直接钉在墙面上。

基层为加气混凝土砖、空心砖墙体时,先将浸油木楔按预先设计的位置预埋于墙体内,并用水泥砂浆砌实,使木楔表面与墙体平整。预埋木砖构造见图 1.14 所示。

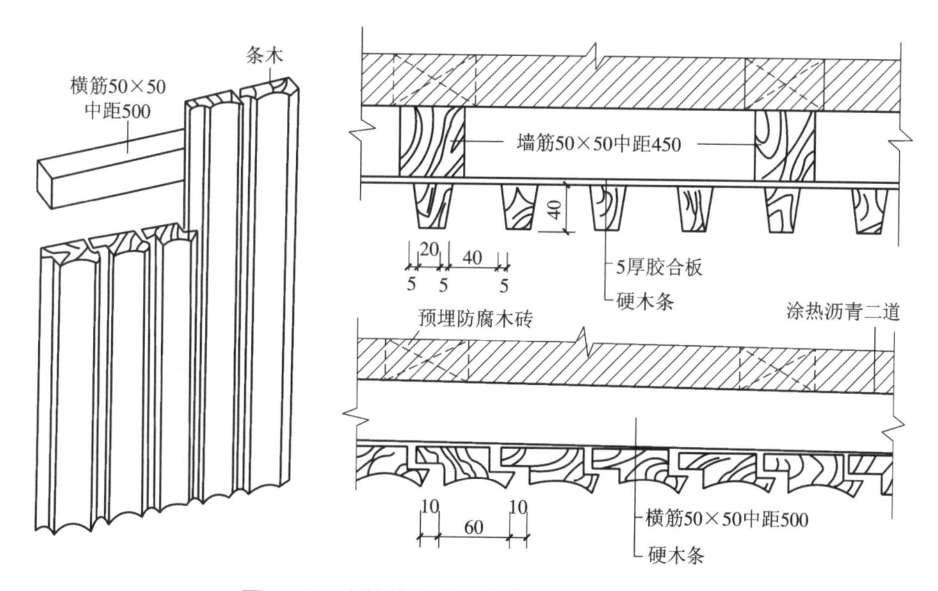

图 1.14　木护墙板预埋木砖、木筋构造示意图

基层为木隔墙、轻钢龙骨石膏板隔墙时,先将隔墙的主副龙骨位置画出,与墙面待安装的木龙骨固定点标定后,方可施工。

(2)弹线。弹线有以下两个目的。一个是使施工有了基准线,便于下一道工序的施工。另一个是检查墙面预埋件是否符合设计要求;电器布线是否影响木龙骨安装位置;空间尺寸是否合适;标高尺寸是否改动等。在弹线过程中,如果发现有不能按原来标高施工的问题、不能按原来设计布局的问题,应及时提出设计变更,以保证工序的顺利进行。

①护墙板的标高线。确定标高线最常用的方法是用透明软管注水法,详见木吊顶工程。

首先确定地面的地平基准线。如果原地面无饰面,基准线为原地平线;如果原地面需铺石材、瓷砖、木地板等饰面,则需根据饰面层的厚度来定地平基准,即在原地面基础上加上饰面层的厚度。其次将定出的地平基准线画在墙上,即以地平基准线为起点,在墙面上量出护墙板的装修标高线。

②墙面造型线。先测出需作装饰的墙面中心点,并用线锤的方法确定中心线。然后在中心线上,确定装饰造型的中心点高度。再分别确定出装饰造型的上线位置和下线位置、左边线

的位置和右边线的位置。最后还是分别通过线垂法、水平仪或软管注水法，确定边线水平高度的上下线的位置，并连线而成。

(3)检查预埋件。检查墙面预埋的木楔是否平齐或者有损坏，位置及数量是否符合木龙骨布置的要求。

(4)制作木骨架。安装的所有木龙骨要做好防腐、防潮、防火处理。木龙骨架的间距通常根据面板模数或现场施工的尺寸而定，一般为400～600 mm。在有开关插座的位置处，要在其四周加钉龙骨框。为了确保施工后的面板的平整度，达到省工省时、计划用料的目的，可先在地面进行拼装。要求把墙面上需要分片或可以分片的尺寸位置标出，再根据分片尺寸进行拼接前的安排。如图1.15所示。

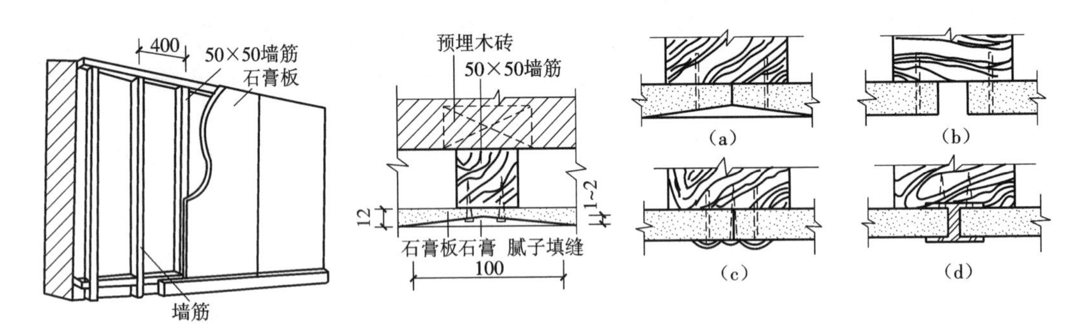

图1.15　木骨架制作及面板接缝方式

(a)拼留缝　(b)留凹缝　(c)钉金属压条　(d)嵌金属压条

(5)敷设填充材料。对于有隔声、防火、保温等要求的墙面，将相应的玻璃丝棉、岩棉、苯板等敷设在龙骨格内，但要符合相关防火规范。

(6)安装木板材。固定式墙板安装的板材分为底板与饰面板两类。底板多用胶合板、中密度板、细木工板做衬板；饰面板多用各种实木板材、人造实木夹板、防火板、铝塑板等复合材料，也可以采用壁纸及软包皮革进行装饰。

①选材。不论底板或饰面板，均应预先进行挑选。饰面板应分出不同材质、色泽或按深浅颜色顺序使用，近似颜色用在同一房间内(面饰混色漆时可以不作限定)。

②拼接。底板的背面应作卸力槽，以免板面弯曲变形。卸力槽一般间距为100 mm，槽宽10 mm，深5 mm左右。

在木龙骨表面上刷一层白乳胶，底板与木龙骨的连接采取胶钉方式，要求布钉均匀。

根据底板厚度选用固定板材的铁钉或气钉长度，一般为25～30 mm，钉距宜为80～150 mm。钉头要用较尖的冲子，顺木纹方向打入板内0.5～1 mm，然后先给钉帽涂防锈漆，钉眼再用油性腻子抹平。10 mm以上底板常用30～35 mm铁钉或气钉固定(一般钉长是木板厚度的2～2.5倍)。

留缝工艺的饰面板装饰，要求饰面板尺寸精确，缝间中距一致，整齐顺直。板边裁切后，必须用细砂纸打磨，无毛茬，饰面板与底板的固定方式为胶钉的方式。防火板、铝塑板等复合材料面板粘贴必须采用专用速干胶(大力胶、氯丁强力胶)，粘贴后用橡皮锤或用铁锤垫木块逐排敲钉，力度均匀适度，以增强胶接性能。常见胶合板、纤维板的接缝处理方式，如图 1.16 所示。

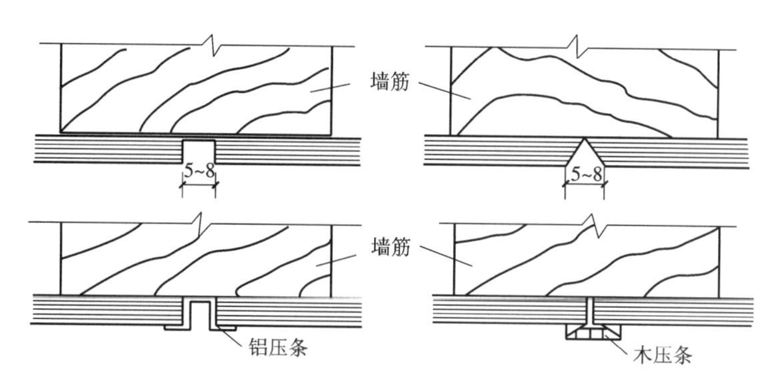

图 1.16　胶合板、纤维板的接缝处理方式

采用实木夹板拼花、板间无缝工艺装饰的木墙板，对板面花纹要认真挑选，并且花纹组合协调。板与板间拼贴时，板边要直，里角要虚，外角要硬，各板面作为整体试装吻合，方可施胶贴覆。

为防止贴覆与试装时移位而出现露缝或错纹等现象，可在试装时用铅笔在各接缝处作出标记，以便用铅笔标记对位、铺贴。在湿度较大的地区或环境下，还必须同时采用蚊钉枪射入蚊钉，以防止长期潮湿环境下覆面板开裂，打入钉间距一般以 50 mm 为宜。

(7)收口线条的处理。如果在两个不同交接面之间存在高差、转折或缝隙，那么表面就需要用线条造型修饰，常采用收口线条来处理。安装封边收口条时，钉的位置应在线条的凹槽处或背视线的一侧。

(8)清理现场。

1.3.2　表面处理

安装的所有木龙骨要做好防腐、防潮、防火处理。木龙骨架的间距通常根据面板模数或现场施工的尺寸而定，一般为 400 ~ 600 mm。在有开关插座的位置，要在其四周加钉龙骨框。

1.3.3　木护墙板施工质量验收标准

要认真地熟悉施工图纸，在结构施工过程中，对预埋件的规格、部位、间距及装修留量一定要认真了解。木龙骨的含水率应小于 15%，并且不能有腐朽、严重死节疤、劈裂、扭曲等缺陷。检查预留木楔是否符合木龙骨的分档尺寸，数量是否符合要求。具体要求见表 1.3。

表 1.3　木护墙板、筒子板安装允许偏差

序号	项次	允许偏差（mm）	检查方法
1	上口平直	3	拉 5 m 线尺量检查
2	垂直	2	吊线坠尺量检查

续表

序号	项次	允许偏差（mm）	检查方法
3	表面平整	1.5	用1 m靠尺检查
4	压缝条间距	2	尺量检查
5	垂直	2	吊线坠尺量检查
6	筒子板表面平整	1.5	用1 m靠尺检查
7	筒子板上下宽窄差	2	尺量检查
8	贴脸板上下宽窄差	2	尺量检查

1.4 裱糊、皮革软包施工工艺

1.4.1 裱糊施工工艺

裱糊装饰工程是指将各种墙纸(壁纸)、金属箔、波音软片等材料粘贴在室内的水泥砂浆或混凝土墙面、石膏板墙面以及顶棚、梁柱表面的装饰工程。裱糊的材料种类繁多,色彩及花纹图案变化多样,质感强烈,具有良好的装饰效果。同时还具有一定的吸音、隔声、保温及防菌等功能,所以被广泛地用于宾馆、会议室、办公室及家居的内墙装饰。下面以应用广泛的墙纸为例,介绍其裱糊工艺。

墙纸由基层材料和面层材料组成。基层材料一般为纸、布、合成纤维、石棉纤维及塑料等;面层材料一般为纸、金属箔、纤维织物、绒絮及聚氯乙烯、聚乙烯等。墙纸是目前国内外使用广泛的室内墙面及天棚装修材料。

1. 施工准备

(1)工具准备。薄钢片刮板或橡胶刮板、绒毛辊筒、橡胶辊筒、压缝压辊、铝合金直尺、钢板抹子、钢卷尺、油灰刀、水平尺、排笔、板刷、注射用针管和针头、砂纸机、线锤、活动裁纸刀、水桶、托线板、涂料搅拌机、白毛巾、合梯、工作台等。

(2)材料准备。

①胶黏剂。应根据墙纸的品种、性能来确定胶黏剂的种类和稀稠程度。原则是既要保证壁纸粘贴牢固,又不能透过壁纸,影响壁纸的颜色。裱糊壁纸使用的胶黏剂主要有聚乙烯醇缩甲醛胶(107 胶)和聚醋酸乙烯乳液等。

②防潮底漆与底胶。墙纸、壁布裱糊前,应在基层表面先刷防潮底漆,以防止墙纸、壁布受潮脱胶。防潮底漆用酚醛清漆或光油∶200 号溶剂汽油(松节油)=1∶3(重量比),混合后可以涂刷,也可喷刷,漆液不宜厚,应均匀一致。

底胶,其作用是封闭基层表面的碱性物质,防止贴面吸水太快,且随时校正图案和对花的粘贴位置,便于在纠正时揭掉墙纸;同时也为粘贴墙纸、壁布提供一个粗糙的结合面。底胶的品种较多,选用的原则是底胶能与所用胶黏剂相溶。在裱糊工程中,常用稀释的聚乙烯醇缩甲醛胶和掺有纤维素的底胶。

对于含碱量较高的墙面,需用纯度为28%的醋酸溶液与水配成1∶2的酸洗液先擦拭表面,使碱性物质中和,待表面干燥后,再涂刷底胶。

③底灰腻子。有乳胶腻子和油性腻子之分。乳胶腻子其配比为聚醋酸乙烯乳液∶滑石粉∶甲醛纤维素(2%溶液)=1∶10∶2.5;油性腻子其配比为石膏粉∶熟桐油∶清漆(酚醛)=10∶1∶2。

2. 施工步骤

基层处理→刷防潮底漆及底胶→墙面弹线→裁纸与浸泡→壁纸及墙面涂刷胶黏剂→裱糊→清理修整。

皮革、布艺软包施工构造如图1.17所示。

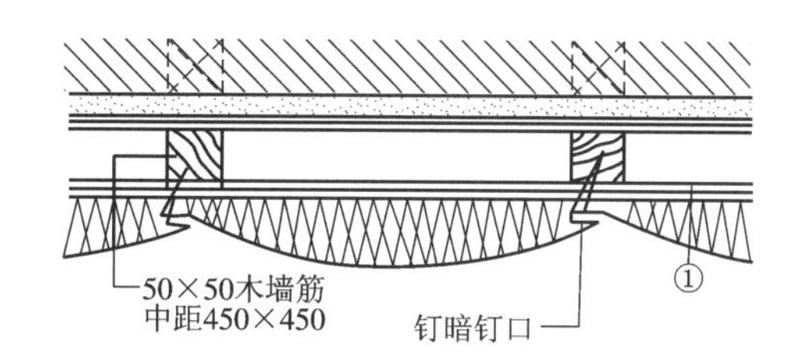

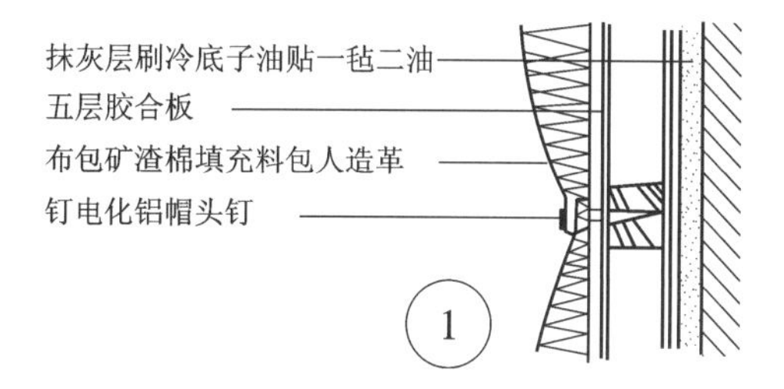

图1.17　皮革、布艺软包施工构造示意图

3. 施工要点

(1)基层处理。

①混凝土和抹灰基层含水率不宜大于8%,直观标准是抹灰面泛白、无湿印且手感干燥。

②基层应平整,同时墙面阴阳角垂直方正,墙角小圆角弧度大小上下一致,表面坚实、平整、色均、洁净、干燥,没有污垢、尘土、沙粒、气泡、空鼓等现象。墙面空鼓、脱落处应清除后休整;裂缝、麻坑等用底灰腻子嵌平。对于附着牢固、表面平整的旧油性涂料墙面,应进行打毛处理以提高黏结强度。

③安装于基面的各种开关、插座、电器盒等突出设置,应先卸下扣盖等影响裱糊施工的部分。

(2)刷防潮底漆及底胶。基层处理经工序检验合格后,在处理好的基层上涂刷防潮底漆及一遍底胶,要求薄而均匀,墙面要细腻光洁,不应有露刷或流淌等。

(3)墙面弹线。在底层涂料干燥后弹水平、垂直线,其作用是使墙纸粘贴的图案、花纹等纵横连贯。

(4)裁纸与浸泡。按基层实际尺寸进行测量,计算所需用量,并在墙纸每一边预留20～50 mm的余量。将裁好的墙纸反面朝上平铺在工作台上,用滚筒刷或白毛巾刷清水,使墙纸充分吸湿伸张,浸湿15 min后方可粘贴。

(5)墙纸及墙面涂刷胶黏剂。墙纸和墙面须均匀地刷胶黏剂一遍,厚薄均匀。胶黏剂不能刷得过多、过厚、不均,以防溢出,墙纸避免刷不到位,防止产生起泡、脱壳、壁纸黏结不牢等现象。

(6)裱糊。首先找好垂直,然后对花纹拼缝,再用刮板将壁纸刮平。原则是先垂直方向后水平方向,先细部后大面。贴墙纸时要两人配合,一人用双手将润湿的墙纸平稳地拎起来,把纸的一端对准控制线上方10 mm左右处;另一人拉住墙纸的下端,两人同时将墙纸的一边对准墙角或门边,直至墙纸上下垂直,再用刮板从墙纸中间向四周逐次刮去。墙纸下的气泡应及时赶出,使墙纸紧贴墙面。拼贴时,注意阳角千万不要有缝,壁纸至少包过阳角150 mm,达到拼缝密实、牢固,花纹图案对齐。多余的胶黏剂应顺操作方向刮挤出纸边,并及时用干净湿润的白毛巾擦干,保持纸面清洁。

裱糊壁纸的拼缝有对接、搭接和重叠裁切拼缝等。对接拼缝是使壁纸的边缘紧靠在一起,既不留缝,又不重叠。其优点是光滑、平整、无痕迹,具有完整流畅之美。搭缝拼接是指壁纸与壁纸互相叠压一个边的拼缝方法。采用搭接拼缝时,在胶黏剂干到一定程度后,再用美工刀裁割壁纸,揭去内层纸条,小心撕去饰面部分,然后用刮板将拼缝处刮压密实。其方法简单,但易出棱边,美观性较差。重叠裁切拼缝是把两幅壁纸接缝处搭接一部分,使对花或图案完整,然后用直尺对准两幅壁纸搭接突起部分的中心压紧,用美工刀用力平稳地裁切,裁刀要锋利,不要将壁纸扯坏或拉长,并且两层壁纸要切透。其优点是拼缝严密、吻合性好,处理好的拼缝在外观上看不出来。

(7)清理修整。裱糊完成后,要对整个粘贴面进行一次全面检查,粘贴不牢的,用针筒注入胶水进行修补,并用干净白色湿毛巾将其压实,擦去多余的胶液。对于起泡的粘贴面,可用裁纸刀剪或注射针头顺图案的边缘将墙纸割裂或刺破,排除空气。墙纸边口脱胶处要及时用粘贴性强的胶液贴牢,最后用干净白色湿毛巾将墙纸面上残存的胶液和污物擦拭干净。

1.4.2 皮革软包施工工艺

在室内设计中,皮革软质材料独具柔美的质感、绚丽的色彩、优美的图案造型以及独特的工艺,使其本身具有了柔化空间的使命,弥补了石材、木材、玻璃、金属等硬质材料给人生硬、冷漠之感的不足。因而使室内空间环境变得柔和、亲切和温暖,同时又有吸音、隔声保温等功效,赋予了室内设计更多更新的内涵。

皮革软质饰面主要有两种常用做法:固定式与活动式软包。

固定式做法一般适用于大面积的饰面工程,其结构采用木龙骨骨架,胶钉衬板(胶合板等人造板),按设计要求选定包面材料和填充材料(采用规则的泡沫塑料、海绵块、矿棉、岩棉或玻璃棉等软质材料为填充芯材),并钉装于衬板上;也可采用将衬板、填充材料和包面分件(块)、分别地制作成单体,然后固定于木龙骨骨架上。

活动式软包适用于小面积墙面的铺装。它采用衬板及软质填充材料分件(块)、分别地包覆制作成单体,然后卡嵌于装饰线脚之间;也可在建筑墙面固定上下单向或双向实木线脚,线脚带有凹槽,上下线脚或双向线脚的凹槽相互对应,将事先做好的软包饰件分块(件),逐一整齐而准确地利用其弹性特点卡装于木线之间;也可以在基体与软包饰件的背面安装黏扣,使它们在活动式安装过程中加强相互连接的紧密性。

因为皮革具有柔软、吸声、保暖的特点,因此常用于对人体活动须加以防护的健身室、练功房等室内墙面,以及对声学有特殊要求的演播厅、录音室、歌剧院、歌舞厅等室内墙面和吸音门上。皮革的种类,可分为天然皮革、人造革和合成革。

1. 施工准备

(1)基层调整并进行检查,要求基层平整、牢固,垂直度、平整度均符合细木制作验收规范。

(2)软包墙面木框、龙骨、面板、衬板等木材的树种、规格、等级、含水率和防潮、防腐处理必须符合设计要求及国家现行标准的有关规定。一般选用优质五夹板作衬板,如基层情况特殊或有特殊要求者,亦可选用九夹板。

(3)软包装饰所用的包面材料和填充材料、龙骨及衬板等木质部分,均应喷涂防火漆,达到消防要求。

(4)工具的准备和木吊顶工艺相同。

2. 施工步骤

基层处理→弹线→安装龙骨→衬板的固定→粘贴填充材料→铺装面料→收口处理。

3. 施工要点

(1)基层处理。清理检查原基层墙面,要求基层牢固、平整,构造合理。

如果是将它直接铺装在建筑墙体及柱体表面上,为防止墙体及柱体潮气的侵蚀,基层应进行防潮处理,通常采用1:3水泥砂浆抹灰后,刷涂一道清油或满铺油纸。

(2)弹线。根据设计要求,把房间需要软包饰面的尺寸、造型等通过吊直、套方、找规矩、弹线等工序,把实际尺寸与造型落实到墙面上;同时确定龙骨及预埋木砖的所在位置。

(3)安装龙骨。一般采用截面30 mm×40 mm或40 mm×60 mm的白松烘干料,不得有腐朽、节疤、劈裂、扭曲等缺点;也可以根据设计要求选用人造板条做龙骨,其间距为400~600 mm。首先在未预埋木砖的各交叉点上,用冲击电钻打深60 mm、直径ϕ 12 mm、间距150~300mm的孔,预设浸油木楔。木龙骨按先主后次、先竖后横的方法用铁钉或气钉固定在墙面上,并及时检查其平整度,局部可以垫木垫片找平。

(4)衬板的固定。根据设计要求的软包构造做法,当采用整体固定时,将衬板满铺满钉于龙骨上,要求钉装牢固、平整。龙骨与衬板采用胶钉的连接方式,衬板对接边开V字型,缝隙保持在1~2 mm左右,且接缝部位一定要在木龙骨的中心。顶帽要冲入0.5~1 mm,要求表面平整。衬板构造如图1.18所示。

(5)粘贴填充材料。采用快干胶合剂将填充材料均匀的粘贴在衬板上,填充材料的厚度一般为20~50 mm,也可根据饰面分块的大小和视距来确定。要求塑型正确,接缝严密且厚度

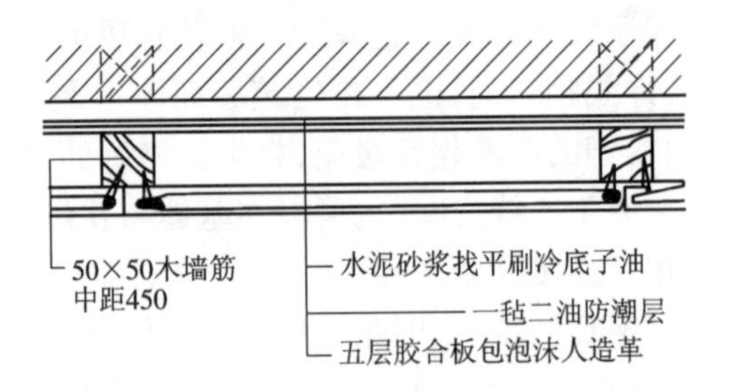

图 1.18　皮革、布艺软包衬板构造示意图

一致，不能有起皱、鼓泡、错落、撕裂等现象，发现问题及时修补。

(6)铺装面料。铺定方法有成卷铺装、分块固定、压条法、平铺泡钉压角法等，其中最常用的是前两种。

成卷铺装法：首先将皮革的端部裁齐、裁方，皮革的幅面应大于横向龙骨木筋中距50～80 mm，并用暗钉逐渐固定在龙骨上，保持图案、线条的横平竖直及表面平整，边铺钉边观察，如发现问题，应及时修整。然后采用电化铝帽头或压条按设计尺寸进行固定。

分块固定法：先将填充材料与衬板按设计要求的分格、分块进行预裁，分别地包覆制作成单体饰件，然后与皮革一并固定于木筋上。安装时，从一端开始以衬板压住皮革面层，压边20～30 mm用暗钉与龙骨钉固；另一端的衬板不压皮革而直接固定于龙骨上，继续安装即重复此过程。要求衬板的搭接必须置于龙骨中线；皮革剪裁时，应注意必须大于装饰分割划块尺寸，并足以在下一条龙骨上剩余20～30 mm的压边料头。

(7)收口处理。压条可以使用铜条、不锈钢条或木条，按设计装钉成不同的造型。当压条为铜条或不锈钢条时，必须内衬尺寸相当的人造板条(二者可使用硅酮结构密封胶黏结)，以保证装饰条顺直。最后修整软包饰面，除尘、清理胶痕，覆盖保护膜。

1.4.3　表面处理

壁纸、墙布及皮革等绝大多数均为成品材料，无需对其再做表面处理。但在施工过程中一定要注意对其表面的清洁处理和保护。

1.4.4　裱糊、皮革软包施工质量验收标准

1. 裱糊工程质量验收标准

(1)壁纸、墙布必须粘贴牢固，表面应色泽一致，不得有褶皱、翘边、裂缝、空鼓、气泡和斑污，无波纹起伏。

(2)壁纸、墙布边缘平直整齐，阴阳转角垂直、棱角分明无接缝，没有飞刺、纸毛。不得有补贴、露贴和脱层等缺陷。

(3)各幅拼接应横平竖直，接拼处花纹、图案应吻合，无缝隙、不搭接，距墙面1.5 m处正视或斜视均不显拼缝。

(4)壁纸、墙布与各种装饰板线应连接紧密，不得留有缝隙。所有开关插座等处应位置正

确、套割吻合、边缘整齐。

2. 软包装饰工程质量验收标准

(1)图案要求平整,美观大方,横平竖直,不乱不斜。

(2)饰面要有弹性,分格标准。安装时应与木基层衬板黏结紧密。无凹凸不平,表面应清洁。

(3)软包饰面与压线条、贴面板、踢脚板、电器盒等交接处,应严密、顺直、无毛边。电器盒盖等开洞处,套割尺寸应准确。

软包墙面装饰工程的允许偏差和检验方法,见表1.4。

表1.4　软包墙面装饰工程的允许偏差和检验方法

序号	项次	允许偏差(mm)	检查方法
1	上口平直	2	拉5 m线检查,不足5 m拉通线检查
2	表面垂直	2	吊线尺量检查
3	压缝条间距	2	尺量检查

1.5　隔墙、隔断施工工艺

1.5.1　木龙骨隔断墙的施工工艺

1. 施工准备

1)作业条件准备

(1)木龙骨板材隔断工程所用的材料品种、规格、颜色以及隔断的构造、固定方法,均应符合设计要求。

(2)隔断的龙骨和罩面板必须完好,不得有损坏、变形弯折、翘曲、边角缺损等现象;并要注意被碰撞和受潮情况。

(3)电气配件的安装,应嵌装牢固,表面应与罩面板的底面齐平。

(4)门窗框与隔断相接处应符合设计要求。

(5)隔断的下端如用木踢脚板覆盖,隔断的罩面板下端应离地面20～30 mm;如用大理石、水磨石踢脚时,罩面板下端应与踢脚板上口齐平,接缝要严密。

木龙骨的安装应符合以下几个规定。

(1)木龙骨的横截面积及纵、横向间距应符合设计要求。

(2)骨架横、竖龙骨宜采用开半榫、加胶、加钉连接。

(3)安装饰面板前应对龙骨进行防火处理。

2)机具设备

小电锯、小台刨、手电钻、电动气泵、冲击钻木刨、扫槽刨、线刨、锯、斧、锤、螺丝刀、摇钻、直钉枪等。

2. 施工步骤

清理基层地面→弹线、找规矩→在地面用砖、水泥砂浆做地枕带(又称踢脚座)→弹线,返线至顶棚及主体结构墙上→立边框墙筋→安装沿地、沿顶木楞→立隔断立龙骨→钉横龙骨→封罩面板,预留插座位置并设加强垫木→罩面板处理。

3. 施工要点

木龙骨架应使用规格为 40 mm × 70 mm 的红、白松木。立龙骨的间距一般在 450 ~ 600 mm之间。

安装沿地、沿顶木楞时,应将木楞两端伸入砖墙内至少 120 mm,以保证隔断墙与原结构墙连接牢固。

1.5.2 玻璃砖分隔墙施工工艺

1. 施工准备

1)材料准备

(1)轻金属型材或镀锌钢型材,其尺寸为空心玻璃砖厚度加滑动缝隙,型材深度至少应为 50 mm,用于玻璃砖墙边条重叠部分的涨缝。

(2)镀锌钢螺栓,至少 7 mm,还有销子。

(3)砼用钢筋,4 ~ 6 mm。

(4)砌筑用灰浆。

(5)硬质泡沫塑料;至少 10 mm 厚,不吸水,用于构成涨缝。

(6)沥青纸,用于构成滑缝。

(7)硅树脂,为中性透明隔热材料。

(8)塑料卡子,6 ~ 10 mm。

2)工具准备

电钻、水平尺、木榔头或橡胶榔头、砌筑和勾缝工具等。

2. 施工步骤

清理基层→钉木龙骨架→钉衬板→固定玻璃。

3. 施工要点

(1)玻璃砖应砌筑在配有两根 ϕ 4 ~ 6 mm 钢筋增强的基础上。基础高度不应大于 150 mm,宽度应大于玻璃砖厚度 20 mm,如图 1.19 所示。

(2)玻璃砖分隔墙顶部和两端应用金属型材,其槽口宽度应大于砖厚度 10 ~ 18 mm。当隔断长度或高度大于 1 500 mm 时,在垂直方向每两层设置一根钢筋(当长度、高度均超过 1 500 mm时,设置两根钢筋);在水平方向每隔三个垂直缝设置一根钢筋。

(3)钢筋伸入槽口不小于 35 mm。用钢筋增强的玻璃砖隔断高度不得超过 4 m。

(4)玻璃分隔墙两端与金属型材两翼应留有宽度不小于 4 mm 的滑缝,缝内用油毡填充;

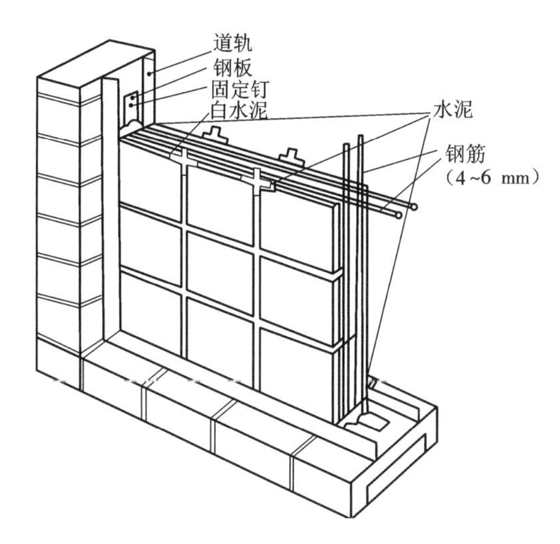

图1.19　玻璃砖隔断施工构造图

玻璃分隔板与型材腹面应留有宽度不小于10 mm的胀缝，以免玻璃砖分隔墙损坏。

(5)玻璃砖最上面一层砖应伸入顶部金属型材槽口10~25 mm，以免玻璃砖因受刚性挤压而破碎。玻璃砖之间的接缝不得小于10 mm，且不大于30 mm。玻璃砖与型材、型材与建筑物的结合部，应用弹性密封胶密封。

1.5.3　镜面玻璃墙面施工工艺

镜面玻璃墙面的构造：在墙体上设置防潮层→按玻璃面板尺寸钉立木筋框格→钉胶合板或纤维板衬板（油毡一层）→固定玻璃面板。如图1.20所示。

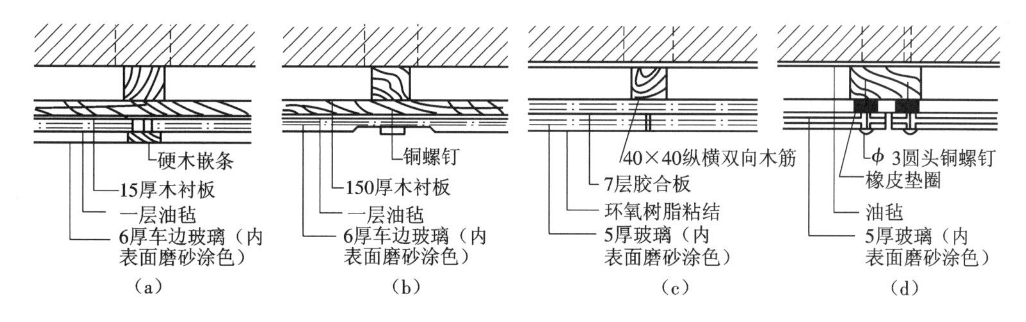

图1.20　镜面玻璃墙面施工构造图

(a)木条嵌压固定　(b)铜螺钉帽檐固定　(c)环氧树脂黏结固定　(d)圆头铜螺钉四角固定

1.施工准备

(1)材料准备。①镜面材料。如普通平镜、带凹凸线脚或花饰的单块特制镜，有时为了美观及减少玻璃镜的安装损耗，加工时可将玻璃的四周边缘磨圆。②衬底材料。包括木墙筋、胶合板、沥青、油毡等，也可选用一些特制的橡胶、塑料、纤维类的衬底垫块。③固定用材料。螺钉、铁钉、玻璃胶、环氧树脂胶、盖条（木材、铜条、铝合金型材等）、橡皮垫圈。

(2)工具准备。玻璃刀、玻璃吸盘、水平尺、托板尺、玻璃胶筒及固钉工具,如锤子、螺丝刀等。

2. 施工步骤

基层处理→立筋→铺针衬板→镜面切割→镜面钻孔→镜面固定。

3. 施工要点

玻璃固定有以下几种方法。

(1)在玻璃上钻孔,用镀铬螺钉、铜螺钉把玻璃固定在木骨架和衬板上。

(2)用硬木、塑料、金属等材料的压条压住玻璃。

(3)用环氧树脂把玻璃黏在衬板上。

镜面玻璃安装有以下几个注意事项。

(1)镜面玻璃厚度应为5 ~8 mm。

(2)安装时严禁锤击和撬动,不合适时取下重新安装。

(3)玻璃墙饰面,宜选用普通平板镜面玻璃或茶色、蓝色、灰色的镀膜镜面玻璃作为墙面,装饰效果较好。也可与金属墙面配合使用,不宜用于易碰撞部位。

1.5.4 隔墙、隔断施工工艺及质量验收标准

1. 材料配件要求

(1)各种隔墙所需材料配件品种、规格、性能、颜色和材料的含水率应符合设计要求。

(2)有隔声、隔热、阻燃、防潮等特殊要求的工程,材料应有相应性能等级。

(3)玻璃板隔墙应使用安全玻璃。人造板中甲醛含量检验应合格。

2. 基体构架及安装要求

(1)安装隔墙板材所需的预埋件、连接件的位置、数量和连接方法应符合设计要求;隔墙板材安装必须牢固。现制钢丝网水泥隔墙与周边墙体连接方法应符合设计要求,并连接牢固。

(2)骨架隔墙边框龙骨必须与基体结构连接牢固,并应平整、垂直、位置正确;龙骨间距和构造连接方法应符合设计要求。骨架内设备管线、门窗洞口等部位加强龙骨应安装牢固、位置正确,填充材料的设置应符合设计要求;木龙骨及木墙面板的防火和防腐处理应符合设计要求;骨架隔墙墙面板应安装牢固,无脱层、翘曲、折裂及缺损。

(3)活动隔墙轨道必须与基体结构连接牢固,并位置正确;活动隔墙用于组装、推拉和制动的结构配件必须安装牢固、位置正确;推拉必须安全、平稳、灵活,推拉应无噪声;活动隔墙制作方法、组合方式应符合设计要求。

(4)玻璃砖隔墙的砌筑或玻璃板隔墙的安装方法应符合设计要求;玻璃砖隔墙砌筑中埋设的拉结筋必须与基体结构连接牢固,并应位置正确;玻璃板隔墙的安装必须牢固,玻璃板隔墙胶垫的安装应正确。

3. 材质接缝要求

(1)接缝材料的品种及接缝方法应符合设计要求。

(2)接缝应横平竖直、均匀、顺直。

(3)玻璃隔墙接缝应横平竖直,玻璃无裂痕、缺损和划痕;玻璃板隔墙嵌缝及玻璃砖隔墙勾缝应密实平整、均匀顺直、深浅一致。

4. 表面质量要求

(1)材料安装应垂直、平整、位置正确,板材不应有裂缝或缺损、划痕。

(2)表面应平整光滑、色泽一致、洁净,无裂缝,线条顺直、清晰。

5. 细部质量要求

(1)隔墙上的孔洞、槽、盒应位置正确、套割吻合、边缘整齐。

(2)隔墙内填充材料应干燥,填充密实、均匀、无下坠。

实训项目:到装饰施工实训室进行墙面砖或木护板墙面的施工实训。

本实训按百分制考评,60 分为合格。

情境小结

本学习情境介绍了石材、陶瓷、木护板、裱糊、皮革软包、隔墙隔断等墙柱面的装修施工准备、施工工艺、施工质量通病及防治,着重介绍了不同墙柱面装修材料的施工工艺及施工质量通病及防治。

思考题

1. 墙柱面有哪些装饰类型?
2. 墙柱面常用的装饰材料有哪些?
3. 石材墙柱面的施工构造做法有哪些?
4. 陶瓷墙砖的施工工艺及操作要点有哪些?
5. 石材墙面的施工工艺及操作要点有哪些?
6. 玻璃砖有哪些类型? 常用于哪些部位? 请查阅相关资料作答。
7. 根据实训基地卫生间墙面尺寸,绘制墙面砖的排砖图,并用 PPT 做汇报。

学习情境2 楼地面装修施工

【学习目标】

知识目标	能力目标	权重
能熟练表述楼地面材料规格、性能、技术指标	能正确鉴别及运用楼地面材料，安全操作楼地面工程机具	0.30
能正确表述各种装饰地面的类型，不同的使用和装饰要求，选择相应的装饰材料和施工方法	具备楼地面工程的组织指导能力；楼地面工程施工工艺及方法；楼地面工程施工工艺流程；楼地面工程施工操作要点	0.40
能熟练表述楼地面施工的操作、楼地面工程质量验收标准、楼地面工程质量检验方法	能正确利用楼地面工程内部构造，能正确验收楼地面工程质量	0.30
合　计		1.00

【教学准备】

准备20 min左右的教学视频或图片，其内容主要是介绍建筑装饰中的楼地面施工相关内容以及其与装饰工程施工技术之间的关系，及其发展的历程。

【教学方法建议】

集中讲授、观看录像、现场教学、施工中的正确和错误方法的解读、小组讨论、拓展训练。

【建议学时】

20(8)学时

在日常生活中，人们在楼地面上从事各项活动，安放各种设施设备等，地面要经受重力、摩擦力等作用力，在楼地面上进行装饰不仅能满足其功能方面的要求，也能使功能和艺术美感很好地结合，楼地面装饰成为了建筑装饰中必不可少的重要部分。所以，我们要从事本专业，就既要树立正确的服务意识，又要能真正理解楼地面施工的方式方法。

楼地面施工包括整体地面，如水泥砂浆地面、水磨石地面等；块材地面，如陶瓷锦砖地面、石材地面（花岗岩、大理石）、木地面等；卷材地面，如软质塑胶地面、地毯等不同材质的楼地面施工，并包括不同楼地面的施工方法、检验检测方法等。

楼地面施工是装饰工程中重要的部分，其工作过程为施工准备、施工操作和施工完成几部分，要学会灵活运用所学知识。

楼地面是建筑物底层地坪和楼层楼面的总称。楼地面是室内空间的重要组成部分，也是室内装饰工程施工的重点部位。楼地面一般由基层、垫层和面层三部分组成。

基层。地面基层多为素土或加入石灰、碎砖的夯实土，楼层的基层一般为水泥砂浆、钢筋和混凝土，其主要作用是承受室内物体荷载，并将其传给承重墙、柱或基础，要求地面有足够的强度和耐腐蚀性。

垫层。垫层位于基层之上，具有保护基层、隔音、防潮、保温或敷设管道等功能上的需要。一般由低强度等级混凝土、碎砖三合土或砂、碎石、矿渣等散状材料组成。

面层。面层是地面的最上层，种类繁多。常用的面层材料有：水泥砂浆面层、石材（大理石、花岗岩）面层、陶瓷锦砖面层、木地板、塑胶地板、活动地板以及地毯等。

楼地面构造组成如图 2.1 所示。

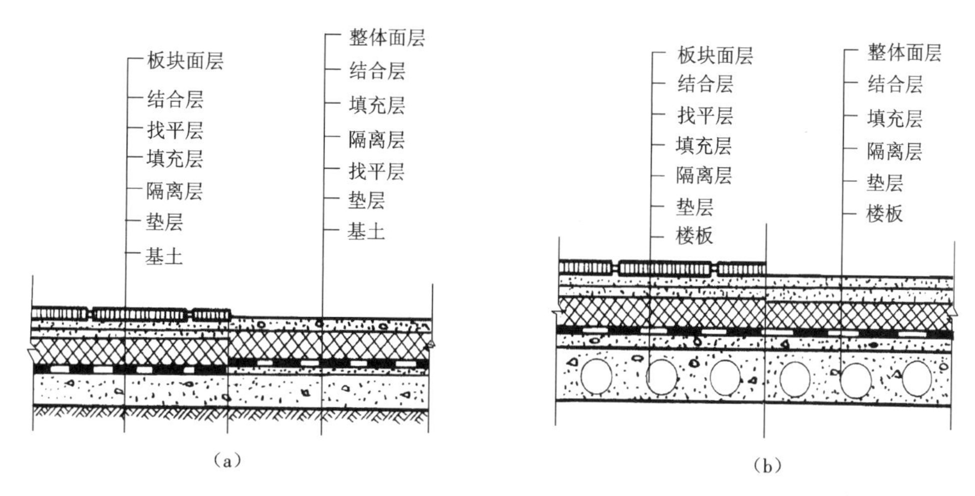

图 2.1 楼地面构造组成图

(a)地面构造 (b)楼面构造

按建筑部位的不同，楼地面可分为室外地面、室内底层地面、楼地面和上人屋顶地面等。

按面层材料构造与施工方式不同，楼地面可分为抹灰地面、粘贴地面和平铺地面等。

按面层材料规格、形式出现的方式不同，楼地面可分为整体地面，如水泥砂浆地面、水磨石地面等；块材地面，如陶瓷锦砖地面、石材地面（花岗岩、大理石）、木地面等；卷材地面，如软质塑胶地面、地毯等。

不同的材质形态，可以体现不同的风格和档次，也具有不同的使用功能。地面装饰从形式到内容是多种多样的。在空间中进行地面装饰，要结合具体空间的使用性质，来确定选择什么样的地面装饰材料、施工工艺类型，以达到使用的要求和装饰的效果。

2.1 整体式地面施工工艺

整体式地面包括水泥砂浆地面、混凝土地面、水磨石地面等，在装饰工程中都是在土建工程已经做好的基层和垫层基础上进行面层的装饰施工。水泥砂浆地面和水磨石地面应用最为广泛。

2.1.1 水泥砂浆地面的施工工艺

水泥砂浆地面工程是一种比较传统的施工工艺。而随着一些新兴地面及现代地面装饰材料与施工技术的发展,往往把水泥砂浆地面作为基层进行再施工,如环氧树脂自流平地面。

水泥砂浆地面的优点是造价低廉、施工简便、经久耐用,但容易出现扬尘、起砂、空鼓、裂缝等问题。

1. 施工准备

(1)材料准备。采用强度等级为32.5或42.5的普通硅酸盐水泥或矿渣硅酸盐水泥;砂应采用中砂或中、粗混合砂(含泥量3%以内)。

(2)工具准备。使用砂浆搅拌机、木抹子、铁抹子、括尺(长2~4 m)、水平尺等工具,在施工中严格按施工工艺操作,并且加强养护,保证工程质量。

2. 施工步骤

清理基层→面层弹线→润湿基层→做灰饼、标筋→洒素水泥浆→铺水泥浆→木杠压实刮平→木抹子拍实搓平→铁抹子压光(三遍)→养护。

3. 施工要点

(1)清理基层。水泥砂浆地面一般的做法是先处理基层,要求基层表面要粗糙、干净、潮湿,清除浮灰、杂质等,便于使面层结合更牢固。表面光滑的基层需做拉毛处理并处理干净后浇湿,再敷设水泥砂浆层。

(2)面层弹线。在水泥砂浆地面面层处理前需弹水平基准线,即在地面抹灰前先在四周墙上弹一道水平基准线,作为面层标高的基准,先以地面标高(±0.00)为依据,根据实际情况在四周墙上弹出0.5 m或1.0 m作为水平基准线,根据水平基准线量出地面标高,并将水平基准线弹于墙上,作为地面面层的水平基准。

弹线完成后润湿基层,并做标筋,做标筋即根据水平基准线从墙角处开始沿墙每隔1.5~2.0 m做1:2水泥砂浆灰饼,大小以8~10 cm见方为准,待其硬结后,再以标志块的高度做出纵横方向通长的标筋以控制面层的标高。

找坡度。对于厨房、洗手间、浴室等空间的地面,要找好排水坡度。有地漏的房间要在地漏四周做出不小于5%的泛水,以避免地面水倒流。抄平时要注意各室内地面与走廊地面高度的关系。

校核找正。在地面正式铺设之前,还要将门框再一次进行校核找正。先将门框锯口线抄平找正,并注意当地面面层铺设后,门扇与地面的间隙应符合规定要求,然后将门框固定,防止松动。

(3)洒水泥素浆、铺水泥浆。在基层上洒水泥素浆增加黏合强度,然后铺水泥浆,铺浆分双层和单层。双层做法是首先用1:3水泥砂浆打底厚15~20 mm做结合层,然后用1:1.5~1:2水泥砂浆抹面厚5~10 mm做表层(铁抹压光3遍);单层的做法是在基层上用1:2.5水泥砂浆厚15~20 mm直接抹上一层(铁抹压光3遍)。双层施工工艺烦琐,质量高、开裂少,但面积过大时应弹面层线。在水泥砂浆中掺入矿物质色素可做各种彩色水泥砂浆地面,色彩的深浅与色相、矿物质色素的多少和纯度有关。

(4)养护。面层抹压完成后,在常温下铺上草垫或者锯木之类,然后进行洒水养护,使其在湿润的状态下进行硬化。养护洒水要适时,过早会产生起皮,过晚会产生裂纹或起沙,一般夏天在24 h后进行养护,春秋季节在48 h后进行养护,使用硅酸盐水泥和普通硅酸盐水泥时,养护时间不少于7 d,当采用矿渣硅酸盐水泥时,养护时间不少于14 d。面层强度达到5 MPa以上,才能在其上面进行其他作业和行走。

4. 表面处理

木杠压实刮平、木抹子拍实搓平、铁抹子压光。铺完水泥浆后,用木杠将水泥砂浆层压实刮平,再用木抹子拍实搓平,之后用铁抹子压光(3遍)。

5. 验收标准

(1)水泥砂浆面层与基层应黏结牢固,不应空鼓。

(2)水泥砂浆面层表面应密实压光,不允许有裂缝、脱皮、起沙、接茬不平等缺陷。

(3)不泛水的地面,应按设计要求做好泛水,不得有倒泛水现象。

(4)用2 m靠尺检查表面平整度,允许偏差4 mm。

2.1.2　水磨石整体地面施工工艺

现浇水磨石地面是一种常见的地面,这种地面是在水泥砂浆垫层完成的基础上,根据设计要求进行弹线分格,镶贴分隔条,然后抹水泥石子浆,待水泥石子浆硬化以后用研磨机研磨,抛光出石子,并经过补浆、细磨、打蜡后制成。现在的水磨石地面有很多石子材料可供选择,颜色多样,如图2.2所示。

图2.2　水磨石地面构造图

现浇水磨石地面可以分为普通水磨石面层和彩色美术水磨石面层两类,如图2.3所示,主要用于工厂车间、医院、办公室、厨房、过道或卫生间地面等,对清洁度要求较高或比较潮湿的场所较合适。水磨石地面具有坚固耐用、表面光洁、装饰性好、整体性好、价格适中、易于保洁等优点，但施工工序多、施工周期长、操作噪声大、现场湿作业易形成污染。

(a)

(b)

图 2.3　水磨石地面面层

(a)普通水磨石面层　(b)彩色美术水磨石面层

1. 施工准备

施工准备与前期工作是确保现浇水磨石地面质量的重要基础，包括技术方面准备、所用材料准备、作业条件准备和施工工具准备。

(1)技术方面准备。现浇水磨石地面施工在技术方面的准备，主要包括：①水磨石面层下面的各层已按设计要求施工，并经检查验收合格；②在水磨石地面拌料铺设前，应根据设计要求通过试验确定各种材料的配合比。

(2)所用材料准备。现浇水磨石地面施工所用的材料，主要包括水泥、石粒、分格条、颜料和其他材料等。

①水泥。现浇水磨石地面所用的水泥，宜选用硅酸盐水泥、普通硅酸盐水泥或矿渣硅酸盐水泥，其强度等级一般不应低于 32.5；不同品种、不同强度等级的水泥严禁混用；所用的水泥最好一次性进场。

②石粒。现浇水磨石地面所用的石粒，应选用坚硬可磨的云石、大理石等岩石加工而成，石粒应清洁无杂质，其粒径除有特殊要求外，一般应控制在 6～15 mm 范围内，在配制拌和料前，应当过筛洗净。

③分格条。现浇水磨石地面所用的分格条多为玻璃条或铜条。玻璃条用厚度为 3 mm 的平板玻璃裁制，铜条用厚度为 1～2 mm 的铜板裁制，分格条的宽度应根据面层的厚度确定，分格条的长度应根据面层分格条尺寸确定。

④颜料。现浇水磨石地面所用的颜料，应选用耐碱性优、耐光性强、着色力好的矿物颜料，不得选用酸性颜料。颜料的色泽必须符合设计要求，所用的颜料最好一次性进场。

⑤其他材料。包括砂、草酸和白蜡等，这些材料的质量应符合现行标准的要求。

(3)作业条件准备。在现浇水磨石地面施工之前，墙面和吊顶工程已经完成，门框已经完成安装并做好保护措施，地面的预埋管线等隐蔽工程已经检查合格，已经进行了认真的技术交底工作，已明确面层厚度和分格大小，并可以确保现浇水磨石施工层厚度不小于30 mm。如果为彩色水磨石，应确认图案施工顺序、石粒的配比组合方案。

(4)施工工具准备。现浇水磨石地面施工常用的工具和机具主要有：方头铁抹子、木抹子、刮杠、水平尺，另外还有磨石机、小型湿式磨光机和辊筒等。

2. 施工步骤

基层处理→找标高、弹水平线→铺抹找平层砂浆→养护→弹分格线、镶分格条→基层刷水泥素浆→拌制水磨石拌和料→铺设水磨石拌和料→滚压抹平→养护→水磨→草酸清洗→打蜡上光。

3. 施工要点

(1)基层找平。将混凝土基层上的杂物清除，不得有油污、浮土，用钢錾子和钢丝刷将沾在基层上的水泥浆皮铲净。处理完毕后在室内墙面上弹好+50 cm的水平控制线。

(2)找标高、弹水平线。根据墙面上的水平控制线，往下量测出水磨石面层的标高，弹在四周的墙上，并考虑其他房间和通道面层的标高，相邻同高程的部位注意交圈。

(3)铺抹找平层。根据墙上弹出的水平线，留出面层厚度为10～15 mm，抹1:3水泥砂浆找平层。为了保证找平层的平整度，先抹灰饼，纵横方向间距1.5 m左右，大小为8～10 cm。灰饼砂浆硬化后，以灰饼高度为标准，抹宽度为8～10 cm的纵横标筋。在基层上洒水润湿，刷一道水胶比为0.4～0.5的水泥浆，随刷浆随铺1:3找平层砂浆，并用2 m长刮杠以标筋为标准进行刮平，再用木抹子搓平。

(4)养护。抹好找平层砂浆养护24 h，待强度达到1.2 MPa，方可进行下道工序施工。

(5)弹分格线、镶分格条。应在找平层上按设计要求的分格或图案弹线来设置分格条，如图2.4和图2.5所示。分格条应满足平直、牢固、接头严密的要求，镶好12 h后开始洒水养护3～4 d。

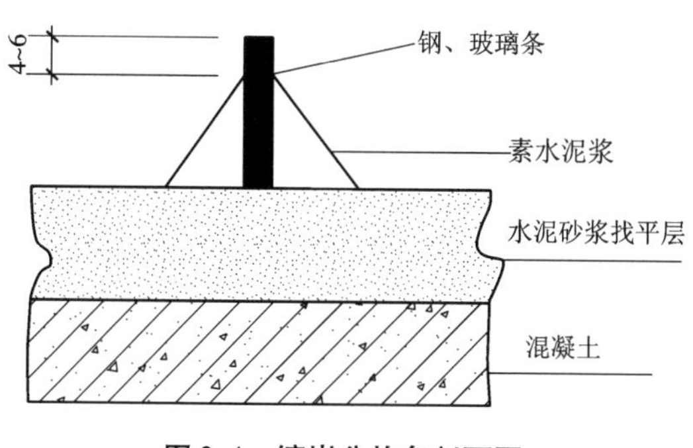

图2.4　镶嵌分格条剖面图

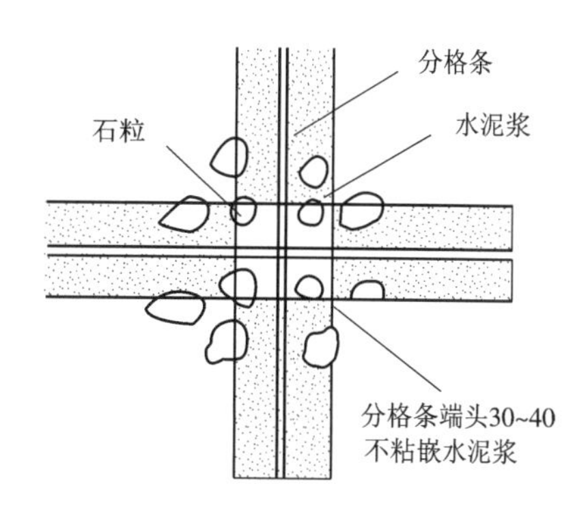

图2.5　镶嵌分格条平面图

(6)基层刷水泥素浆。先用清水将找平层洒水进行润湿，待表面无明显积水时，涂刷与面层颜色一致、水胶比为0.4～0.5的水泥浆结合层，为增加其与找平层的黏结强度，可在水泥浆内掺加适量的胶黏剂。刷水泥浆应与铺设拌和料同步进行，即随刷水泥浆随铺拌和料，水泥浆涂刷面积不得过大，以防止水泥浆层风干而导致面层空鼓。

(7)拌制水磨石拌和料(或称石粒浆)。拌和料的体积比采用1∶1.5～1∶2.5(水泥∶石粒)，要求计量准确，拌和均匀。彩色水磨石拌和料，除彩色石粒外，还要加入耐碱的矿物颜料，掺入量为水泥的3%～6%，水泥与颜料比例、彩色石子与普通石子比例，施工前必须经试验确定。

同一彩色水磨石面层应使用同厂、同批颜料。

配制时不但要拌和，还要用筛子筛匀后，装袋存入干燥的室内备用，严禁受潮。彩色石粒与普通石粒拌和均匀后，集中贮存待用。

各种拌和料在使用时，按配比加水拌均匀。

(8)铺设水磨石拌和料。水磨石拌和料的面层厚度，除特殊要求外，宜为12～20 mm，并按石粒粒径确定。将搅拌均匀的拌和料，先铺抹分格条边，后铺入分格条方框中间，用铁抹子由中间向边角推进，在分格条两边及交叉处特别注意压实抹平，随抹随用直尺进行平整度检查。几种颜色的水磨石拌和料，不可同时铺抹。要先铺抹颜色深的，后铺抹颜色浅的，待前一种凝固后，再铺后一种。

(9)滚压抹平。用滚筒滚压前，先用抹子在分格条两边宽约100 mm范围内轻轻拍实。滚压时用力均匀，并随时清除黏在滚筒上的石粒，应从横竖两个方向轮换进行，滚压到表面平整、密实，出浆石粒均匀为止。

(10)养护。待石粒浆稍收水后，再用铁抹子将浆抹平压实。如发现石粒不均匀处，应补石粒浆，再用铁抹子拍平压实。24 h后浇水养护。常温养护3～4 d。

4. 表面处理

(1)水磨。正式开磨前应进行试磨，以不掉石渣为准，经检查认可后方可正式开磨。一般开磨时间同气温、水泥强度等级和品种有关，如表2.1所示。

表2.1 水磨石面层开磨参考时间表

平均温度(℃)	开磨时间(d)	
	机磨	手工磨
20～30	3～4	2～3
10～20	4～5	3～4
5～10	5～6	4～5

①粗磨。第一遍用60～80号粗砂轮石磨，边磨边加水，并随磨随用水冲洗检查，用靠尺检查平整度，直至表面磨到均匀，分格条和石粒全部露出(边角处用手工磨成同样效果)。检查合格晾干后，用与水磨石表面相同成分的水泥浆，将水磨石表面擦一遍，特别是面层的洞眼小孔隙要填实抹平，脱落的石粒应补齐，浇水养护2～3 d。

②细磨。第二遍用100～150号金刚石磨，要求磨至表面光滑为止，然后用清水冲净，满擦

第二遍水泥浆，仍注意小孔隙要细致擦严密，然后养护 2 ~3 d。

③磨光。第三遍用 180 ~240 号金刚石磨，磨至表面石子显露均匀，无缺石粒现象，平整、光滑、无孔隙为合适。尽量减少手提式水磨石机和手工打磨的工作量。普通水磨石面层磨光次数不少于三遍，高级水磨石面层的厚度和磨光遍数应根据效果需要确定。

(2)草酸擦洗。在打蜡前水磨石面层要进行一次酸洗，以保证打蜡效果。一般均用草酸进行擦洗。使用时先用水加草酸化成 10% 浓度的溶液，用扫帚蘸后洒在地面上，用 400 号泡沫砂轮或 280 号油石轻轻磨一遍，磨出水泥及石粒本色，再用清水冲洗擦干。

(3)打蜡上光。用干净的布或麻丝沾稀糊状的蜡，在面层上薄薄地涂一层。待干后用钉有帆布或麻布的木块代替油石装在磨石机上研磨，用同样的方法再打第二遍蜡，直到光滑洁亮为止。

5. 现浇水磨石地面施工验收标准

(1)选用材质、品种、强度(配合比)及颜色应符合设计要求和施工规范规定。

(2)面层与基层的结合必须牢固，无空鼓、裂纹等缺陷。

(3)表面光滑，无裂纹、砂眼和磨纹，石粒密实、显露均匀；图案符合设计、颜色一致、不混色，分格条牢固、清晰顺直。

(4)地漏和供排除液体用的带有坡度的面层应符合设计要求，不倒泛水，无渗漏，无积水；与地漏(管道)结合处严密平顺。

(5)踢脚板高度一致，出墙厚度均匀，与出墙面结合牢固，局部虽有空鼓但其长度不大于 200 mm，且在一个检查范围内不多于 2 处。

(6)楼梯和台阶相邻两步的宽度差和高差不超过 10 mm；棱角整齐，防滑条顺直。

(7)地面镶边的用料及尺寸应符合设计和施工规范；边角整齐光滑，不同面层颜色相邻处不混色。

(8)允许偏差的有以下几个项目。

①表面平整度，普通水磨石地面允许偏差 3 mm，高级水磨石地面允许偏差 2 mm。

②踢脚线上口平直度，普通水磨石地面允许偏差 3 mm，高级水磨石地面允许偏差 2 mm。

③缝格平直度，普通水磨石地面允许偏差 3 mm，高级水磨石地面允许偏差 2 mm。

2.2　陶瓷地砖、锦砖楼地面施工工艺

2.2.1　陶瓷地砖楼地面施工工艺

陶瓷地砖是以优质陶土为原料，经半干压成型，再经 1 100 ℃左右高温焙烧而成。按生产工艺分有：釉面砖和通体砖。按花色分有：仿古砖、玻化抛光砖、釉面砖、防滑砖及渗花抛光砖等。常用的规格有 300 mm×300 mm、400 mm×400 mm、500 mm×500 mm、600 mm×600 mm、800 mm×800 mm、1 000 mm×1 000 mm 等。陶瓷地砖具有耐磨、耐用、易清洗、不渗水、耐酸碱、强度高、装饰效果丰富等优点。

1. 施工准备

1)作业条件准备

(1)墙上四周弹好 +0.5 m 水平控制线。

(2)地面防水层已经做完,室内墙面润湿作业已经做完。

(3)穿楼地面的管洞已经堵严塞实。

(4)楼地面垫层已经做完。

(5)板块应预先用水浸湿,并码放好,铺时达到表面无明水。

(6)复杂的地面施工前,应绘制施工大样图,并做出样板间,经检查合格后,方可大面积施工。

2)材料准备

(1)水泥。32.5 级以上普通硅酸盐水泥或矿渣硅酸盐水泥。

(2)砂。粗砂或中砂,含泥量不大于3%,过8 mm 孔径的筛子。

(3)面砖:进场验收合格后,在施工前应进行挑选,将有质量缺陷的先剔除,然后将面砖按大中小三类挑选后分别码放在垫木上。色号不同的严禁混用,选砖用木条钉方框模子,拆包后块块进行套选,长、宽、厚差不得超过 ±1 mm,平整度用直尺检查。

3)施工机具准备

小水桶、半截桶、扫帚、方尺、平锹、铁抹子、大杠、筛子、窄手推车、钢丝刷、喷壶、橡皮锤、小线、云石机、水平尺等。

2. 施工步骤

处理、润湿基层→弹线、定位→打灰饼、做冲筋→铺结合层砂浆→挂控制线→铺贴地砖→敲击至平整→处理砖缝→清洁、养护。

3. 施工要点

(1)弹线、定位。在弹好标高 +50 cm 水平控制线和各开间中心(十字线)及拼花分隔线后,进行地砖定位。定位常有两种方式,对角定位(砖缝与墙角成45°)和直角定位(砖缝与墙面平行)。施工时注意,应距墙边留出 200 ~ 300 mm 作为调整尺度;若房间内外铺贴不同地砖,其交接处应在门扇下中间位置,且门口不宜出现非整砖,非整砖应放在房间墙边不显眼处。

(2)抹结合层。根据标高基准水平线,打灰饼及用压尺做好冲筋。浇水湿润基层,再刷水胶比为0.5 的素水泥浆。根据冲筋厚度,用1∶3或1∶4的干硬性水泥砂浆(以手握成团不沁水为准)抹铺结合层,并用压尺及木抹子压平打实。

结合层抹好后,以人站上面只有轻微脚印而无凹陷为准。对照中心线(十字线)在结合层面上弹陶瓷地砖控制线,靠墙一行陶瓷地砖与墙边距离应保持一致,一般纵横每五块设置一条控制线。

(3)陶瓷地砖铺贴。铺贴前,对地砖的规格、尺寸、色泽、外观质量等应进行预选,并浸水润泡 2 ~3 h 后取出晾干至表面无明水待用。根据控制线先铺贴好左右靠边基准行的地砖,以后根据基准行由内向外挂线逐行铺贴。用约 3 mm 厚的水泥浆满涂地砖背面,对准挂线及缝隙,将地砖铺贴上,用木槌适度用力敲击至平正,并且一边铺贴一边用水平尺检查校正。砖缝宽度,密缝铺贴时≤1 mm,虚缝铺贴时一般为 3 ~10 mm,或按设计要求;挤出的水泥浆应及时清理干净，缝隙以凹1 mm为宜。

(4)养护。铺完砖24 h后，洒水养护，时间不应少于7 d。

4. 表面处理

地砖铺贴24 h后应进行勾缝、擦缝的工作，并应采用同一品种、同强度等级、同颜色的水泥或用专门的嵌缝材料。

(1)勾缝。用1∶1水泥砂浆，缝内深度宜为砖厚的1/3。随勾随将剩余水泥砂浆清走、擦净。

(2)擦缝。如设计要求缝隙很小时，则要求接缝平直，在铺实修好的面层上用浆壶往缝内浇水泥浆，然后用干水泥撒在缝上，再用棉纱团擦揉，将缝隙擦满。最后将面层上的水泥浆擦干净。

2.2.2　陶瓷锦砖楼地面施工工艺

陶瓷锦砖俗称马赛克。由各种形状(正方、长方、六角、对角、五角、斜长条、半八角形等)的小瓷片拼成各种图案反贴于牛皮纸上，形成约300 mm×480 mm一联的锦砖。

陶瓷锦砖具有耐磨、耐用、易清洗、不渗水、耐酸碱、强度高等优点。

1. 施工准备

陶瓷锦砖楼地面施工的施工准备与陶瓷地砖楼地面施工的施工准备相同。

2. 施工步骤

处理、润湿基层→弹线、定位→打灰饼、做冲筋→铺结合层砂浆→挂控制线→铺砖→敲击至平整→洒水、揭纸→嵌缝→养护。

3. 施工要点

(1)铺贴。对连通的房间由门口中间拉线，以此为标准从房内向外挂线逐行铺贴。有镶边的房间应先铺镶边部分，有图案的按图案铺贴，整间房宜一次铺完。

铺贴时先在准备铺贴的范围内均匀地撒素水泥，并洒水润湿成黏结层，其厚度为2 mm左右。用毛刷蘸水将锦砖砖面刷湿，铺贴锦砖，并用平整木板压住用木槌拍平打实。做到随撒、随刷、随铺贴、随拍平拍实。

(2)洒水揭纸。铺完一段后，用喷壶洒水至纸面完全浸湿为宜，不可洒水过多，过20 min左右试揭。揭纸时，手扯纸边与地面平行方向撕揭，揭掉纸后对留有纸毛处用开刀清除。

4. 表面处理

(1)拨缝与灌缝。揭纸后用开刀将歪斜的缝隙拨正、拨匀，先调竖缝后调横缝，边拨边拍实。用水泥浆或砂浆嵌缝、灌浆并擦缝。

(2)清洁养护。及时将锦砖表面水泥砂浆擦净，铺后次日撒锯末养护4～5 d，养护期间禁止上人。

2.2.3　陶瓷地砖、锦砖楼地面施工验收标准

(1)砖面层采用陶瓷锦砖、缸砖、陶瓷地砖和水泥花砖，应在结合层上铺设。

(2)有防腐蚀要求的砖面层采用的耐酸瓷砖、浸渍沥青砖、缸砖的材质、铺设以及施工质量验收应符合现行国家标准《建筑防腐蚀工程施工及验收规范》(GB 50212—2002)的规定。

(3)在水泥砂浆结合层上铺贴缸砖、陶瓷地砖和水泥花砖面层时,应符合下列规定:

①在铺贴前,应对砖的规格尺寸、外观质量、色泽等进行预选,浸水湿润晾干待用;

②勾缝和压缝应采用同品种、同强度等级、同颜色的水泥,并做养护和保护。

(4)在水泥砂浆结合层上铺贴陶瓷锦砖面层时,砖底面应洁净,每联陶瓷锦砖之间、与结合层之间以及在墙角、镶边和靠墙处,应紧密贴合。在靠墙处不得采用砂浆填补。

(5)在沥青胶结料结合层上铺贴缸砖面层时,缸砖应干净,铺贴时应在摊铺的热沥青胶结料上进行,并应在胶结料凝结前完成。

(6)采用胶黏剂在结合层上粘贴砖面层时,胶黏剂选用应符合现行国家标准《民用建筑工程室内环境污染控制规范》(GB 50325—2010)的规定。

(7)面层所用的板块的品种、质量必须符合设计要求。检验方法:观察检查和检查材质合格证明文件及检测报告。

(8)面层与下一层的结合(黏结)应牢固,无空鼓。检验方法:用小锤轻击检查。注:凡单块砖边角有局部空鼓,且每自然间(标准间)不超过总数的5%可不计。

(9)砖面层的表面应洁净、图案清晰,色泽一致,接缝平整,深浅一致,周边顺直。板块无裂纹、掉角和缺棱等缺陷。检验方法:观察检查。

(10)面层邻接处的镶边用料及尺寸应符合设计要求,边角整齐、光滑。检验方法:观察和用钢尺检查。

(11)踢脚线表面应洁净、高度一致、结合牢固、出墙厚度一致。检验方法:观察和用小锤轻击及钢尺检查。

(12)楼梯踏步和台阶板块的缝隙宽度应一致、齿角整齐;楼层梯段相邻踏步高度差不应大于10 mm;防滑条顺直。检验方法:观察和用钢尺检查。

(13)面层表面的坡度应符合设计要求,不倒泛水、无积水;与地漏、管道结合处应严密牢固,无渗漏。检验方法:观察、泼水或坡度尺及蓄水检查。

(14)砖面层的允许偏差应符合表2.2的规定。

(15)检验时,应按表2.2中的检验方法检验。

表2.2 陶瓷锦砖、陶瓷地砖面层的允许偏差表

序号	项目	允许偏差(mm)	检验方法
1	表面平整度	2	用2 m靠尺和楔形塞尺检查
2	缝格平直	3	拉5 m线和用钢尺检查
3	接缝高低差	0.5	用钢尺和楔形塞尺检查
4	踢脚线上口平直	3	拉5 m线和钢尺检查
5	板块间隙宽度	2	用钢尺检查

2.3　天然大理石与花岗石板楼地面施工工艺

大理石板、花岗石板从天然岩体中开采出来，经过加工成块材或板材，再经过粗磨、细磨、抛光、打蜡等工序，加工成各种不同质感的高级装饰材料。

块材厚度一般为 10～30 mm，其成品规格一般为 500 mm×600 mm、600 mm×600 mm，也可根据设计要求加工，或用毛光板在现场按实际需要的规格尺寸切割。

大理石结构致密、强度较高、吸水率低，但硬度较低、不耐磨、抗侵蚀性能较差，不宜用于室外地面；花岗岩结构致密、性质坚硬、耐酸、耐腐、耐磨、吸水性小、抗压强度高、耐冻性强、耐久性好、适用范围广。

1. 施工准备

(1)材料准备。板材可按设计加工，常用规格为 500 mm×500 mm×20 mm。其优点是组织细密、坚实、耐风化、色泽鲜明而光亮。

(2)施工工具准备。墨斗线、水平线、直角尺、木抹子、橡皮锤或木槌、尼龙线。

2. 施工步骤

基层清理→弹线→试拼、试铺→板块浸水→扫浆→铺水泥砂浆结合层→铺板→灌缝、擦缝→打蜡养护，如图 2.6 所示。

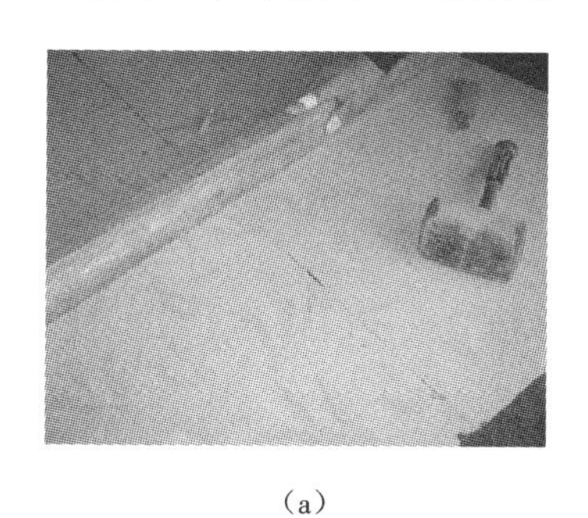

(a)

(b)

(c)

图 2.6　板材楼地面施工工艺流程

(a)用水平仪校平　(b)干硬性水泥砂浆　(c)用小锤轻击

3. 施工要点

与陶瓷地砖基本相同，只是涉及楼地面整体图案时，要求试拼、试排。另外，大理石、花岗石板楼地面在养护前，还需打蜡处理。

(1)试拼。板材在正式铺设前，应按设计要求的排列顺序，每间按设计要求的图案、颜色、纹理进行试拼，尽可能使楼地面整体图案与色调和谐统一。试拼后按要求进行预排编号，随后按编号堆放整齐。

(2)预排。在房间两个垂直方向，根据施工大样图把石板排好，以便检查板块之间的缝隙，核对板块与墙面、柱面的相对位置。

(3)铺板。从里向外逐行挂线铺贴。缝隙宽度如设计无要求时，花岗石板、大理石板不应大于 1 mm。

(4)灌缝、擦缝。铺贴完成24 h后,经检查石板表面无断裂、空鼓后,用稀水泥(颜色与石板配合)刷浆填缝填饱满,并随即用干布擦至无残灰、污迹为止。铺好石板2 d内禁止踩踏和堆放物品。

4. 表面处理

当板块接头有明显高低差时,待砂浆强度达到70%以上,分遍浇水磨光,最后用草酸清洗面层,再打蜡。

2.3.2 大理石与花岗石板踢脚板施工工艺

踢脚板是楼地面与墙面相交处的构造处理,设置踢脚板的作用是遮盖楼地面与墙面的接缝,保护墙面根部免受外力冲撞及避免清洗楼地面时被沾污,同时满足室内美观的要求,踢脚板的高度一般为100~150 mm。踢脚板一般在地面铺贴完工后施工。

1. 施工准备

1)材料准备

(1)大理石块、花岗石块的品种、规格、质量应符合设计和施工规范要求,在铺装前应采取防护措施,防止出现污染、碰损。

(2)天然大理石、花岗石的技术等级、光泽度、外观等质量要求应符合国家现行行业标准《天然大理石建筑板材》(GB/T 19766—2005)、《天然花岗石建筑板材》(GB/T 18601—2009)的规定。

(3)水泥:宜选用普通硅酸盐水泥或矿渣硅酸盐水泥,强度等级不小于32.5级,并备适量擦缝用白水泥。水泥进现场应有出厂检验报告,并经抽样送检鉴定合格后方可使用。

(4)砂:中砂或粗砂。

(5)矿物颜料(擦缝用)、蜡、草酸。

2)施工工具准备

手提式电动石材切割机或台式石材切割机,干、湿切割刀片,手把式磨石机,手电钻,修整用平台,木楔,灰簸箕,水平尺,2 m靠尺,方尺,橡胶锤或木槌,小线,手推车,铁锹,浆壶,水桶,喷壶,铁抹子,木抹子,墨斗,钢卷尺,尼龙线,扫帚,钢丝刷。

2. 施工步骤

踢脚测量→基层修整清理→花岗岩板选材→放样切割→安装定位→临时固定→灌浆黏结→清理养护。

3. 施工要点

将基层浇水湿透,根据+50 cm水平控制线,测出踢脚板上口水平线,弹在墙上,再用线坠吊线,确定出踢脚板的出墙厚度,一般为8~10 mm。拉踢脚板上口水平线,在墙两端各安装一块踢脚板,其上口高度在同一水平线内,出墙厚度要一致,然后用1∶2水泥砂浆逐块依次镶贴踢脚板,随时检查踢脚板的水平度和垂直度。镶贴前先将石板刷水润湿,阳角接口板按设计要求处理或割成45°。

对于大理石(花岗石)踢脚板,在墙面抹灰时,要空出一定高度不抹,一般以楼地面层向上150 mm为宜,以便控制踢脚的出墙厚度。镶贴踢脚板时,板缝宜与地面的大理石(花岗石)板缝构成骑马缝。注意在阳角处需磨角，留出4 mm不磨，保证阳角有一等边直角的缺口。阴角应使大面踢脚板压小面踢脚板，用棉丝蘸与踢脚板同颜色的稀水泥浆擦缝。踢脚板的面层打蜡同地面一起进行。

4. 表面处理

大理石(或花岗石)地面或碎拼大理石地面完工后，房间应封闭或在其表面加以覆盖保护。

2.3.3 天然大理石与花岗石板楼地面工程的质量要求与验收标准

1. 天然大理石与花岗石板楼地面工程的质量要求

(1)天然大理石与花岗石板楼地面工程的主控项目、一般项目的石材质量要求及检验方法，如表2.3所示。

表2.3 石材的质量标准及检验方法

项目	项次	质量要求	检验方法
主控项目	1	天然大理石和花岗石板材所用的品种、质量必须符合设计要求	观察检测和检查材料的合格证及检测报告
	2	面层与粘贴层应牢固，无空鼓	用橡胶锤敲击检测
一般项目	3	石材表面应干净、平整、无划痕、图案清晰、色泽一致，接缝平整、深浅一致，周边平顺笔直，镶嵌正确、板块无裂纹、掉角和缺棱等现象	观察检测
	4	踢脚线与墙面应紧密结合，高度一致，出墙厚度均匀	观察和橡胶锤敲击及钢尺检查
	5	楼梯踏步和台阶砖块的缝隙宽度一致，齿角整齐；楼层梯段相邻踏步高度差不大于10 mm；防滑条应顺直、牢固	观察和钢尺检查
	6	面层表面的坡度应符合设计要求，不得有倒泛水和积水现象；地漏、管道结合处应严密，无渗漏	观察、泼水或者用坡度尺及蓄水检测
	7	石材面层允许的偏差应符合国家标准	

(2)施工规定。

材料面层相邻两板材间的高差，不应超过表2.4的要求。

表2.4 相邻两块板材间的允许高差

序号	板材面层名称	允许高差(mm)
1	缸砖面层	1.5
2	普通水磨石板面层	1.0
3	陶瓷锦砖、水泥花砖，高级水磨石板面层	0.5
4	大理石板、花岗石板	不允许

各层厚度对设计厚度的偏差，仅允许个别地方存在，但不得超过该层厚度的10%。板材行列（缝隙）对直线的偏差，在10 m长度内的允许值为：①陶瓷锦砖、大理石板、水磨石板、水泥花砖不得超过3 mm；②其他块（板）料面层不得超过8 mm。

面层铺设后硬化的材料，其强度应由地面在同样条件下养护的试块确定。试块的数量为每500 m^2 地面不应少于3块。

地面各层（面层、垫层等）的表面是否平整，应用2 m直尺在各个方向加以检查，如为斜面，则应用水平尺和样尺检查。地面各层表面对水平面或对设计坡度的允许偏差，不应大于房间相应尺寸的0.2%。但最大偏差不应大于30 mm。排除液体的带有坡度的地面应作泼水检验，以能排除液体为准。地面对各层平面的偏差，应符合表2.5的要求。

表2.5　地面各层平面的允许偏差

序号	地面构造层	材料准备	用2 m直尺检查时允许空隙（mm）
1	基地	土　地	15
2	垫层	砂、砂石	15
		灰土、三合土、炉渣、混凝土、毛地板	10
		当为拼花木地板面层时	3
		当为其他种类面层时	5
		木搁栅	3
3	找平层	用沥青胶泥做结合层铺设拼花木地板和板块面层时	3
		用水泥砂浆做结合层铺板块面层以及防水层时	5
4	面层	混凝土块、缸砖	4
		预制的普通水磨石、水泥花砖	3
		预制的高级水磨石、陶瓷锦砖	2
		大理石板、花岗石板	1

注：①直接在地面上安装机器设备时，面层平面允许偏差应按机座要求处理。

②如使用时有特殊要求，面层表面对平面的允许偏差应按设计规定处理。

2. 天然大理石与花岗石板楼地面工程的验收标准

天然大理石与花岗石板楼地面工程的质量验收标准，见表2.6。

表 2.6　石材楼地面的质量验收标准及检验方法

序号	实测项目	板(砖)面层表面偏差(mm)							检验方法
		高级水磨石陶瓷锦砖	缸砖	大水泥砖	普通水磨石板	大理石板花岗石板	水泥花砖	斗底砖	
1	表面平整	2	4	4	3	1	1	6	用2 m靠尺和楔形塞尺检查
2	缝格平直	3	3	5	4	2	3	5	拉5 m线，不足5 m拉通线和尺墨检查
3	接缝高低差	0.5	1.5	2	1	0.5	0.5	2.5	尺量和楔形塞尺检查
4	踢脚板上口平直	3	4		5	1			拉5 m线，不足5 m拉通线和尺墨检查
5	灰缝宽度	≤2	≤2	10～20	≤4	≤1	≤2.5	≤2.0	尺量检查

2.4　木质楼地面施工工艺

木质楼地面一般是指由木竹板铺钉或硬质木竹块胶合而成的地面。根据材质不同，面层主要可分为实木地板、软木地板、实木复合地板及中密度(强化)复合地板、竹地板等。木地板的施工方法可分为空铺式和实铺式。

2.4.1　实木地板楼地面施工工艺

空铺式是指木地板通过地垄墙或砖墩等架空再安装，一般用于平房、底层房屋或较潮湿地面以及地面敷设管道需要将木地板架空等情况。其优点是使实木地板更富有弹性、脚感舒适、隔声、防潮；缺点是施工较复杂、造价高、占空间高度较大。如图2.7所示。

实铺式是直接在基层的找平层上固定木搁栅，然后将木地板铺钉在木搁栅或木搁栅上的毛地板上。这种做法具有空铺木地板的大部分优点，且施工较简单，实际工程中一般用于2层以上的干燥楼面。实铺木地面构造如图2.8、图2.9所示，实铺木地面施工工艺流程如图2.10所示。

另一种实铺式木地板的做法，是在钢筋混凝土楼板上或底层地面的素混凝土垫层上做找平层，再用黏结材料将各种木板直接粘贴而成。这种做法构造简单、造价低、功效快、占空间高度小，但弹性较差。如图2.11所示。

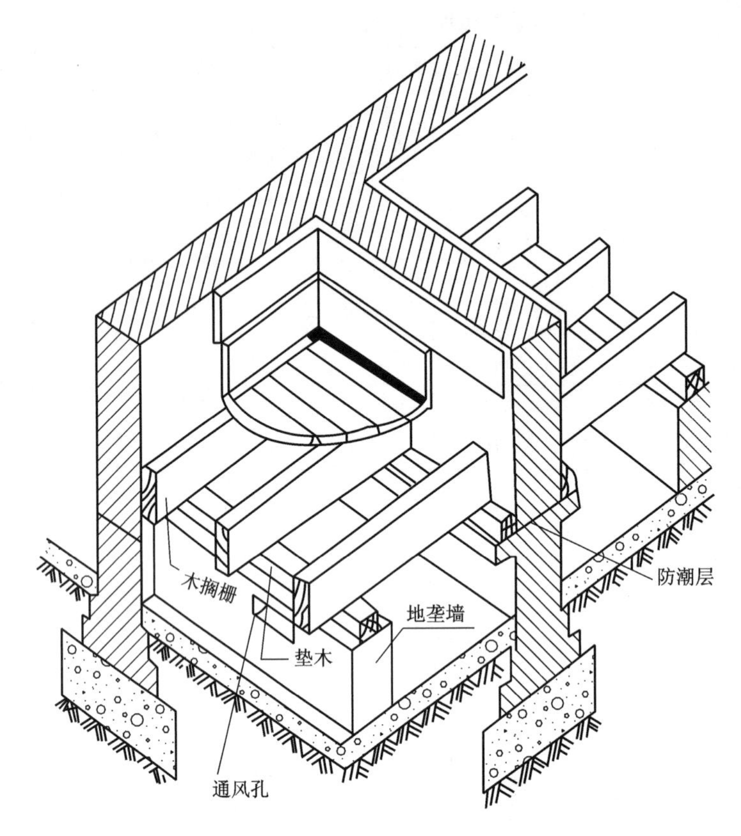

图 2.7　空铺式木地面施工构造做法图

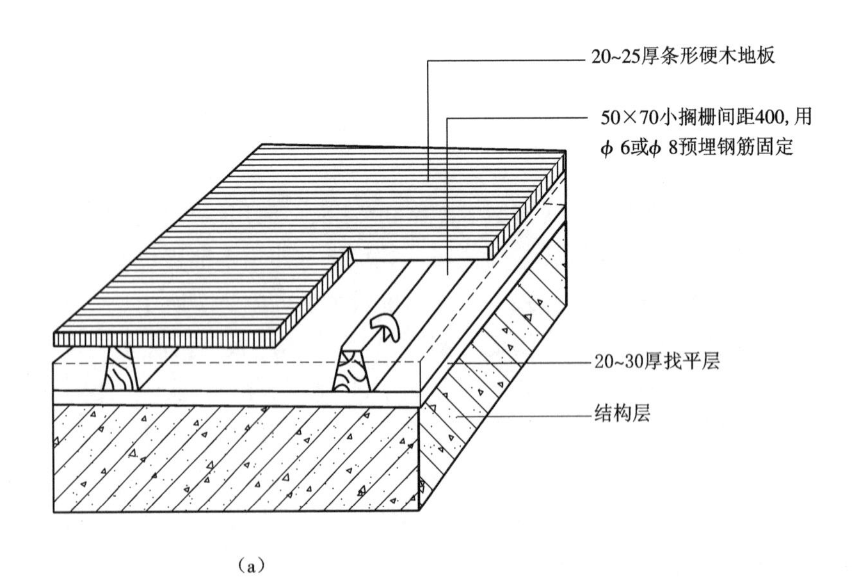

(a)

图 2.8　实铺式单层木地面构造剖面图

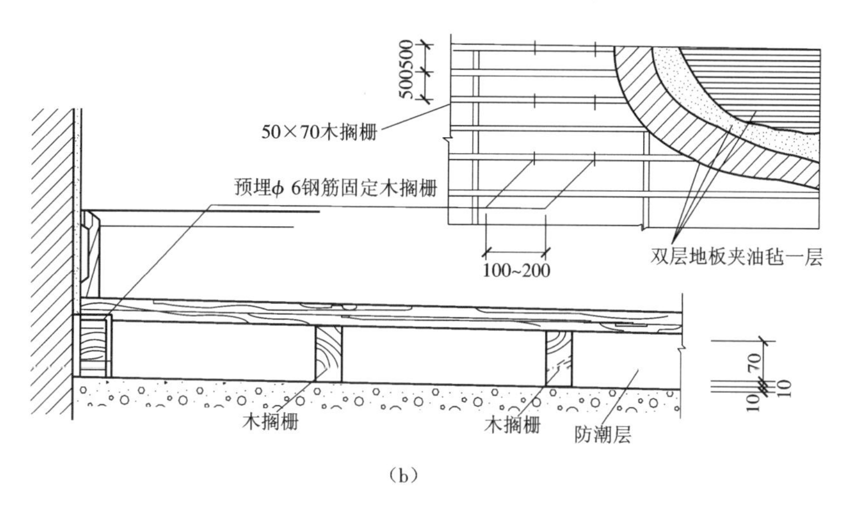

（b）

续图 2.8　实铺式单层木地面构造剖面图

（a）实铺式单层木地面构造直观图　（b）实铺式单层木地面构造剖面图

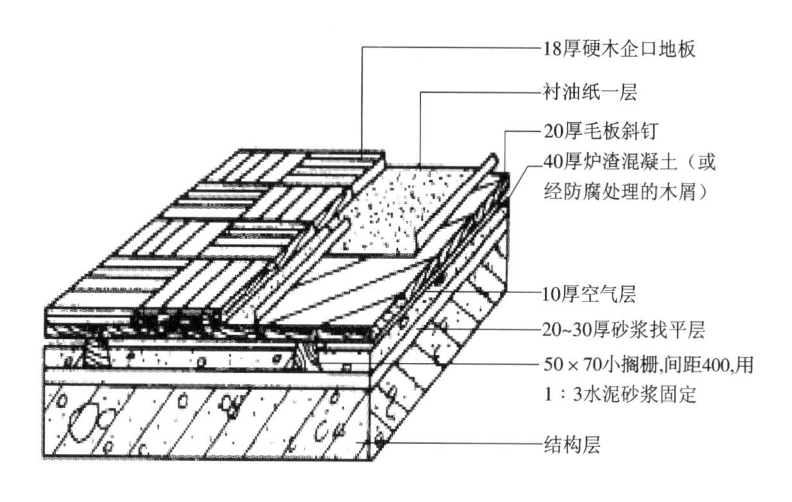

图 2.9　实铺式双层木地面构造

1. 施工准备

（1）地面要保持干燥平整，铺装前要铺设防潮垫，地板和墙面之间要留足够的伸缩缝，板与板之间用胶黏结。

（2）顶棚、墙面的各种湿作业已完成。

（3）安装前应将原包装地板先行水平放置在需要安装的房子里 24 h，不开箱，使板更适应安装环境，安装需由专业地板安装人员进行铺装。

（4）基层面必须平整、干燥，施工时应先在地面洒上防虫粉，再铺垫上一层防潮布。

(a)

(b)

图 2.10　实铺木地板施工工艺

(a)划分方格、调平、固定地龙骨　(b)固定地板

2. 施工步骤

架空式木地板施工步骤:地面先砌地垄墙→安装木搁栅→毛地板→面层地板、刨平打磨→油漆饰面→上蜡。

实铺式木地板施工步骤:基层清理→弹线→钻孔安装预埋件→地面防潮、防水处理→安装木龙骨→垫保温层→弹线、钉装毛地板→找平、刨平→钉木地板、找平、刨平→装踢脚板→刨光、打磨→油漆→上蜡。

3. 施工要点

实铺地板要先安装地龙骨,然后再进行木地板的铺装。

(1)地龙骨的安装。应先在地面做预埋件,以固定木龙骨,预埋件为螺栓或铅丝,预埋件间距为 800 mm,从地面钻孔。铺装木地板的龙骨应使用松木、杉木等不易变形的树种,木龙骨、踢脚板背面均应进行防腐处理。

(2)木地板的安装。实铺实木地板应有基面板,基面板使用大芯板。地板铺装完成后,先

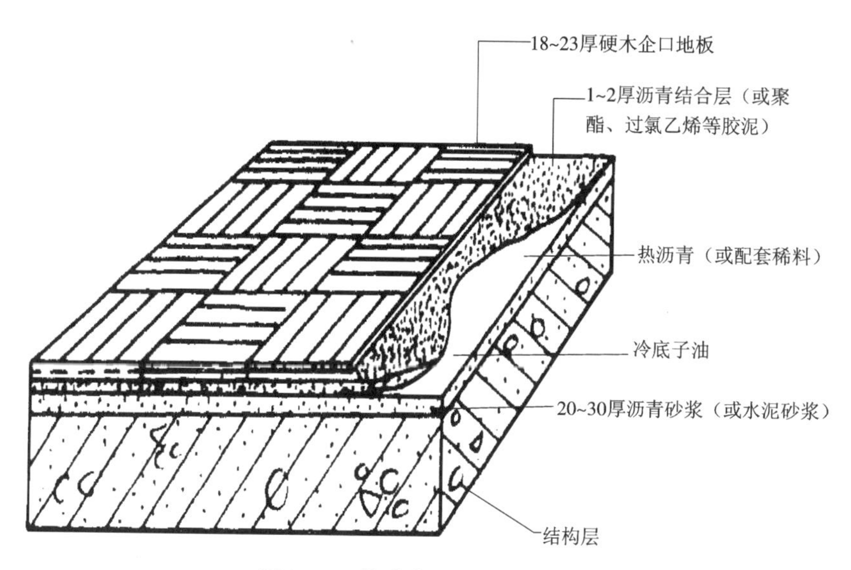

图2.11　粘贴式木地面施工做法

用刨子将表面刨平、刨光，将地板表面清扫干净后涂刷地板漆，进行抛光上蜡处理。铺装实木地板应避免在大雨、阴雨等气候条件下施工。施工中最好能够保持室内温度、湿度的稳定。同一房间的木地板应一次性铺装完，因此要备有充足的辅料，并及时做好成品保护，严防油渍、果汁等污染表面。安装时挤出的胶液要及时擦掉。

4. 表面处理

(1)在活动地板上行走或作业，不能穿带有金属钉的鞋子，更不能用尖锐物、重物在地板表面切擦及敲击。

(2)为保证地板清洁，当局部污染时，可用汽油、酒精等擦洗。活动地板面的清洁应用软布洗涤剂擦拭，再用软布擦干，严禁用拖把沾水擦洗，以免边角进水，影响地板使用寿命。

5. 实木地板楼地面工程的质量验收标准

实木地板楼地面工程的质量验收方法和允许偏差如表2.7、表2.8所示。

表2.7　木(竹)地板工程的质量要求和检验方法

项目	项次	质量要求	检验方法
主控项目	1	实木地板面层所采用的材质和铺设时的木材含水率必须符合设计要求；木搁栅、垫木和毛地板等必须做防腐、防蛀处理	观察检测和检查材料的合格证及检测报告
	2	木搁栅应安装牢固、平直	观察、脚踩检测

续表

项目	项次	质量要求	检验方法
一般项目	3	面层铺设应牢固、粘贴无空鼓	观察、脚踩或用小锤轻敲检测
	4	实木地板面层应刨平、磨光、无明显刨痕和毛刺等现象;图案清晰、颜色均匀一致	观察、手摸和脚踩检测
	5	面层接缝应严密,接头位置应错开,表面洁净	观察检测
	6	拼花地板接缝应对齐,粘、钉严密;缝隙宽度一致;表面洁净无溢胶	观察检测
	7	踢脚线表面应光滑,接缝严密,高度一致	观察和钢尺检测
	实木地板面层的允许偏差应符合国家标准		

表 2.8 木(竹)地面工程允许偏差及检验方法

项次	项目	允许偏差(mm)				检验方法
		实木地板面层			实木复合地板、中密度(强化)复合地板、竹地板面层	
		松木地板	硬木地板	拼花地板		
1	板面缝隙宽度	1.0	0.5	0.2	0.5	用钢尺检查
2	表面平整度	3.0	2.0	2.0	2.0	用 2 m 靠尺和楔形塞尺检查
3	踢脚线上口平直	3.0	3.0	3.0	3.0	拉 5 m 线,不足 5 m 拉通线和尺量检查
4	板面接缝平直	3.0	3.0	3.0	3.0	
5	相邻板材高差	0.5	0.5	0.5	0.5	用钢尺和楔形塞尺检查
6	踢脚线与面层的接缝	1.0				楔形塞尺检查

2.4.2 复合木地板楼地面施工工艺

复合木地板是以中密度纤维板或木板条为基材,用耐磨塑料贴面板或珍贵树种 2 ~ 4 mm 的薄木等作为覆盖材料而制成的一种板材。复合木地板安装方便,板与板之间可通过槽榫进行连接。在地面平整度保证的前提下,复合木地板可直接浮铺在地面上,而不需用胶黏结。复合木地板大面积铺设时,会有整体起拱变形的现象。它适用于办公室、会议室、商场、展览厅、民用住宅等的地面装饰。

目前,在市场上销售的复合木地板规格都是统一的,宽度为 120 mm、150 mm 和 195 mm;长度为 1.5 m 和 2 m;厚度为 6 mm、8 mm 和 14 mm。复合木地板一般都是由四层材料复合组成,即底层、基材层、装饰层和耐磨层,其中耐磨层的转数决定了复合地板的寿命。底层由聚酯材料制成,起防潮作用。基材层一般由密度板制成,视密度板密度的不同,也分低密度板、中密度板和高密度板。装饰层是由印有特定图案的特殊纸制成的。将这种特殊纸放入三聚氢氨溶液中浸泡后，经过化学处理，就能使其成为一种美观耐用的装饰层。耐磨层是在地板表层上均匀压制一层三氧化二铝组成的耐磨剂而制成的。三氧化二铝的含量和薄膜的厚度决定了耐磨的转数。每 m^2 含三氧化二铝 30 g 左右而制成的耐磨层转数约为 4 000 转，含量越高，转数越高，也就越耐磨。如图 2.12 所示。

图 2.12　复合木地板

1. 施工准备

材料准备。复合木地板材宜选用耐磨、纹理清晰、有光泽、耐朽、不易开裂、不易变形的国产优质复合木地板，厚度应符合设计要求。

2. 施工步骤

基层处理→弹线、找平→铺垫层→试铺预排→铺地板→铺踢脚板→清洁。

3. 施工要点

复合木地板浮铺施工时，施工环境的最佳相对湿度为 40% ~60%。

(1)铺垫层。垫层为聚乙烯泡沫塑料薄膜，铺时横向搭接 150 mm。垫层可增加地板隔潮作用，改善地板的弹性、稳定性，并减少行走时地板产生的噪声。如图 2.13 所示。

(2)试铺预排。预排时计算最后一排板的宽度，如小于 50 mm，应削减第一排板块宽度，以使二者均等。

(3)铺地板和铺踢脚板。铺贴时，按板块顺序，板缝涂胶拼接。胶刷在企口舌部，而非企口槽内。在地板块企口施胶逐块铺设过程中，为使槽榫精确吻合并黏结严密，可以采用锤击的方法，但不得直接打击地板，可用木方垫块顶住地板边再用锤轻轻敲击，如图 2.14(a)所示。复合木地板与四周墙必须留缝，以备地板伸缩变形，缝宽为 8 ~10 mm，用木楔调直，四周安装踢脚板遮缝，如图 2.14(b)所示。地板面积超过 30 m^2 时中间还要留缝。

4. 表面处理

地板的施工过程及成品保护，必须按产品使用说明的要求，注意其专用胶的凝结固化时间，铲除溢出板缝外的胶条、拔除墙边木塞以及最后做表面清洁等工作，均应待胶黏剂完全固

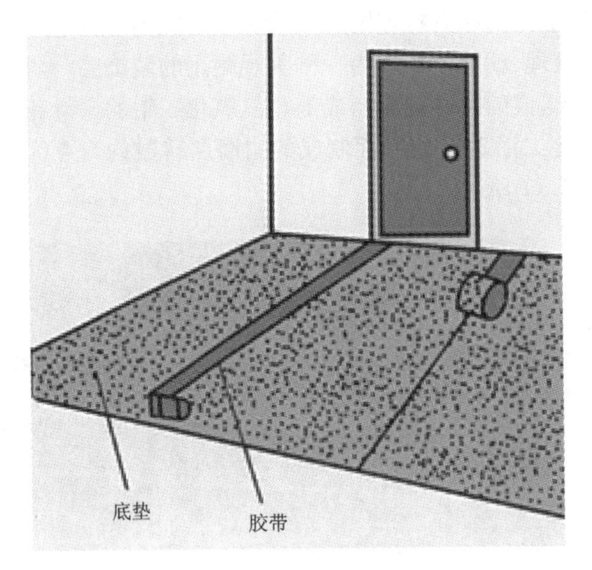

图 2.13　垫层铺设

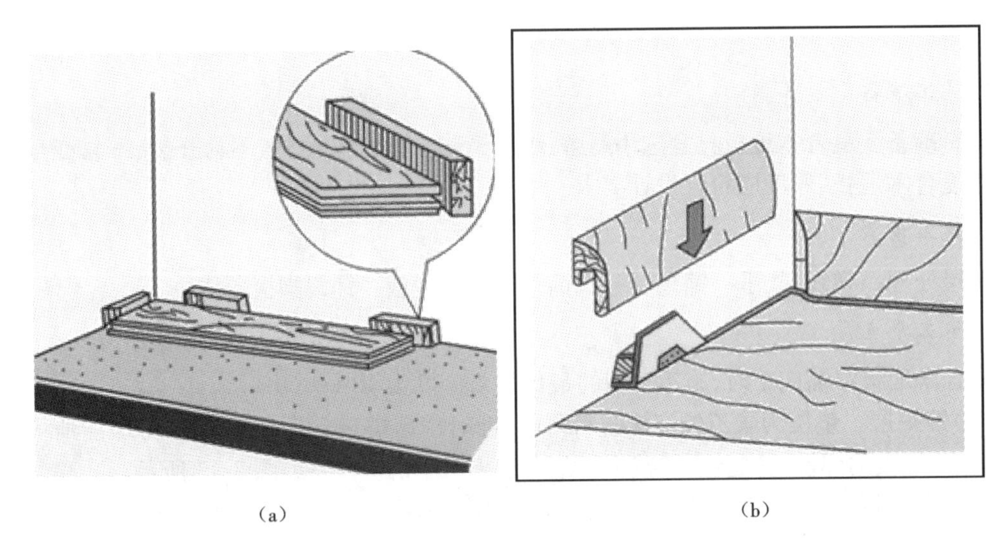

（a）　　（b）

图 2.14　复合木地板安装及收口

（a）第一块板安装　（b）踢脚板安装

化后方可进行，此前不得碰动已铺装好的复合木地板。复合木地板铺装 48 h 后方可使用。

5. 复合木地板楼地面工程的质量要求与验收标准

1）复合木地板楼地面工程的质量要求

（1）主控项目。复合地板面层所采用的条材和块材，其技术等级和质量要求应符合设计要求。面层铺设应牢固，踩踏无空鼓。

（2）一般项目。实木复合地板面层图案和颜色应符合设计要求，图案清晰，颜色一致，板面无翘曲。面层的接头位置应错开、缝隙严密、表面洁净。

2)复合木地板楼地面工程的验收标准

(1)板面缝隙宽度2 mm,用钢尺检查。

(2)表面平整度2 mm,用2 m靠尺及楔形塞尺检查。

(3)踢脚线上口平齐,3 mm。

(4)板面拼缝平直,3 mm,拉5 m通线,不足5 m拉通线或用钢尺检查。

(5)相邻板材高差0.5 mm,用尺量和楔形塞尺检查。

(6)踢脚线与面层的接缝0.1 mm,楔形塞尺检查。

2.5　地毯楼地面施工工艺

地毯是现代建筑地面装饰材料,是用动物毛、植物麻、合成纤维等为原料,经过编织、裁剪等加工制造的一种高档地面装饰材料,可分为天然纤维和合成纤维两种。同其他的地面覆盖材料相比,地毯具有质地柔软、吸音、隔声、保温、防滑、弹性好、脚感舒适、外观优雅及使用安全等功能和优点。近年来在各种公共建筑及家庭中已大量被使用,广泛应用于宾馆、酒店、写字楼、办公用房、住宅等建筑中。

2.5.1　地毯的分类

(1)按材质可分为纯羊毛地毯、混纺地毯、化纤地毯、塑料地毯、剑麻地毯。

(2)按成品的形态可分为整幅成卷地毯和块状地毯。

(3)按纺织工艺可分为手工纺织地毯、无纺地毯、簇绒地毯、机织地毯、圈绒地毯、平绒地毯、平圈割绒地毯。如图2.15所示。

(4)地毯的铺设分为满铺和局部铺设两种;铺设方式有固定和不固定两种。

不固定铺设是将地毯浮搁在基层上,不需将地毯与基层固定。而固定铺设的方法分为两种,一种是胶黏剂固定法,适用于单层地毯;另一种是倒刺板固定法,适用于有衬垫地毯。

(5)按地毯等级可分为以下几种。

①轻度家用级。适用于不常使用的房间。

②中度家用或轻度专业使用级。适用于卧室或餐室。

③一般家用或中度专业使用级。适用于会客厅、起居室,而交通过于频繁的地方(如楼梯)除外。

④重度家用或一般专业使用级。供家庭重度磨损的场所使用。

⑤重度专业使用级。只用于公共场所。

⑥豪华级。其品质通常属于第③级以上,绒毛长,用于豪华气派的场所。

2.5.2　固定式地毯楼地面施工工艺

1.施工准备

(1)施工工具准备。裁边机、地毯撑子、扁铲、墩拐、手枪钻、割刀、剪刀、尖嘴钳子、漆刷橡

图 2.15　地毯类型

胶压边滚筒、熨斗、角尺、直尺、手锤、钢钉、小钉、吸尘器、垃圾桶、盛胶容器、钢尺、盒尺、弹线粉袋、小线、扫帚、铁簸箕、棉丝和工具袋等。

(2)材料准备。地毯、衬垫、胶黏剂、倒刺钉板条、铝合金倒刺条、铝压条等。

倒刺钉板条。在厚 4 ~ 6 mm、宽 24 ~ 25 mm、长 1200 mm 的三合板条上钉有两排斜钉(间距为 35 ~ 40 mm),还有 5 个高强钢钉均匀分布在全长上(钢钉间距 400 mm 左右,距两端各 100 mm 左右),用于墙、柱根部地毯固定,如图 2.16 所示。

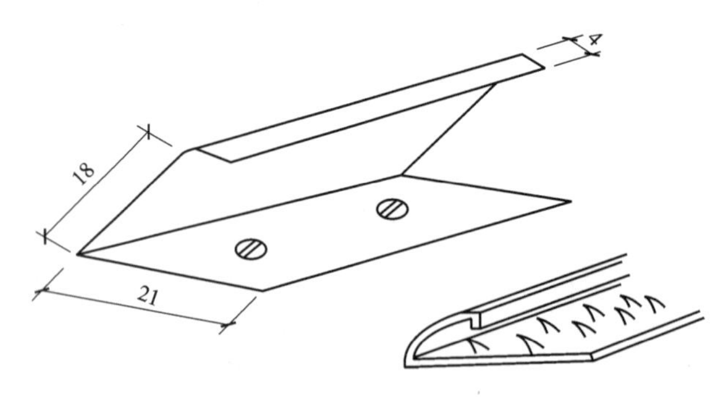

图 2.16　倒刺钉板条样式

铝合金倒刺条。用于地毯端头露明处,起固定和收头作用,如图 2.17 所示。多用在外门口或其他材料的地面相接处。

地毯胶黏剂。地毯铺设时有两处需用胶黏剂,一是与地面固定处;二是地毯与地毯接缝处。常用的有聚醋酸乙烯胶黏剂、合成橡胶胶黏剂,它们具有黏结强度高、无毒、无味、快干、耐老化等特性。

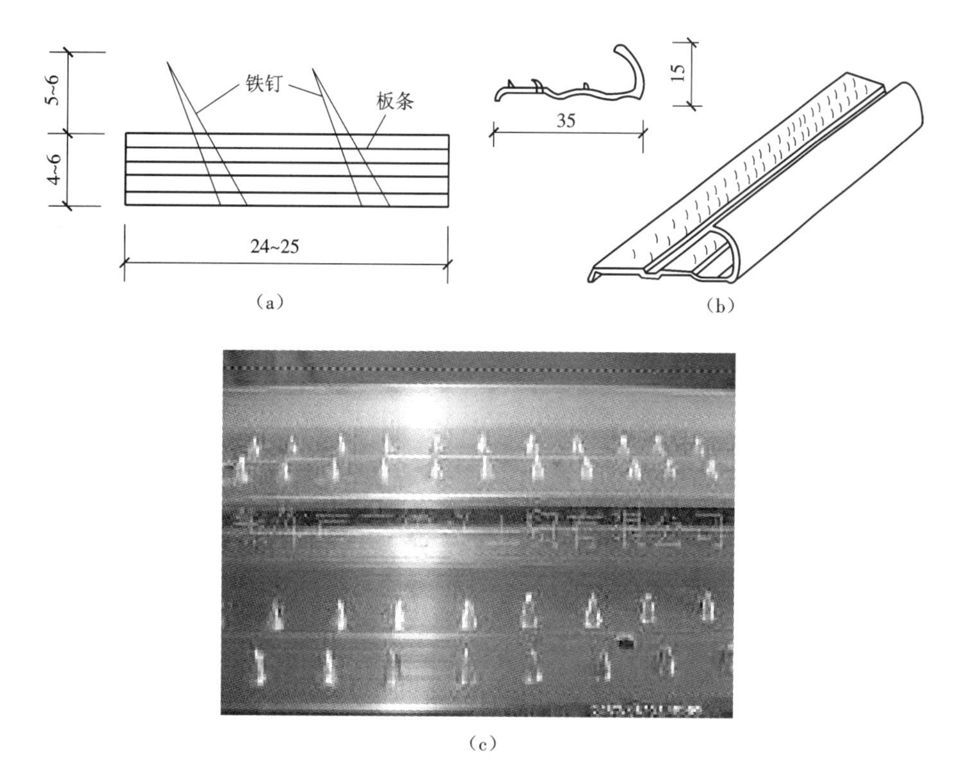

图 2.17　铝合金倒刺条

(a)剖面图　(b)轴测图　(c)直观图

地毯接缝带。热熔式地毯接缝带，宽 15 mm，接缝带上有一层热熔胶，自然冷却后即完成地毯接缝。

地毯垫层。橡胶波垫或人造橡胶泡沫垫，厚度应小于 10 mm，密度应大于0. 14 t/m^3；毛麻毯垫，厚度应小于 10 mm，每平方米的质量应在 1. 4 ~ 1. 9 kg 为宜。

2. 施工步骤

基层处理→弹线、套方、分格、定位→地毯剪裁→钉倒刺板挂毯条→铺设衬垫→铺设地毯→细部处理及清理。

3. 施工要点

(1)基层处理。将铺设地毯的地面清理干净，保证地面干燥，并且要有一定的强度。检查地面的平整度偏差应不大于 4 mm，地面基层含水率不大于 8%，满足这些要求后才能进行下一道工序施工。

(2)弹线、套方、分格、定位。严格按照设计图纸，根据不同部位和房间的具体要求进行弹线、套方、分格。如无设计要求，可对称找中并弹线便可定位铺设。

(3)地毯剪裁。地毯裁剪应在较宽阔的地方统一进行，并按照每个房间实际尺寸和形状，计算地毯的剪裁尺寸，在地毯背面弹线、编号。

原则上地毯的经线方向与房间长向一致。地毯的每一边长度应比实际尺寸要长出20 mm

左右,宽度方向以地毯边缘线的尺寸计算。

按照背面的弹线用手推裁刀从背面裁切,并将裁切好的地毯卷边编号、存放。

(4)钉倒刺条。沿房间墙边或走道四周的踢脚板边缘,用高强水泥钉(钉朝墙方向)将倒刺板固定在基层上,水泥钉长度一般为3~4 cm,倒刺板离踢脚板面8~10 mm;钉倒刺板应用钢钉,相邻两个钉子的距离控制在300~400 mm;钉倒刺板时应注意不得损伤踢脚板。

(5)铺弹性垫层。垫层应按照倒刺板的净距离下料,避免铺设后垫层皱褶,覆盖倒刺板或远离倒刺板。设置垫层拼缝时应考虑到与地毯拼缝至少错开150 mm。衬垫用点粘法刷聚酯乙烯乳胶,粘贴在地面上。

(6)地毯拼缝。拼缝前要判断好地毯的编织方向,以避免缝两边的地毯绒毛排列方向不一致。地毯缝用烫带连接,在地毯拼缝位置的地面上弹一直线,按照线将烫带铺好,两侧地毯对缝压在烫带上,然后用熨斗在烫带上熨烫,使胶层融化,随熨斗的移动立即把地毯紧压在烫带上。接缝以后用剪子将接口处的绒毛修齐。

(7)找平。先将地毯的一条长边固定在倒刺板上,并将毛边塞到踢脚板下,用地毯撑拉伸地毯。拉伸时,先压住地毯撑,用膝撞击地毯撑,从一边一步一步推向另一边,如此反复操作将四边的地毯固定在四周的倒刺板上,并将长出的部分地毯裁割。

(8)固定收边。地毯挂在倒刺板上要轻轻敲击一下,使倒刺全部勾住地毯.以免挂不实而引起地毯松弛。地毯全部展平拉直后应把多余的地毯边裁去,再用扁铲将地毯边缘塞进踢脚板和倒刺之间。当地毯下无衬垫时,可在地毯的拼接和边缘处采用麻布带和胶黏剂黏结固定(多用于化纤地毯)。

(9)细部处理、修整、清理。施工要注意门口压条的处理和门框、走道与门厅等不同部位、不同材料的交圈和衔接收口处理;固定、收边、掩边必须黏结牢固、不应有显露、找补等破活,特别注意拼接地毯的色调和花纹的对形,不能有错位等现象。铺设工作完成后,因接缝、收边裁下的边料和因扒齿拉伸掉下的绒毛、纤维应打扫干净,并用吸尘器将地毯表面全部吸一遍。

2.5.3 表面处理

地毯完全铺好后,用搪刀裁去多余部分,并用扁铲将边缘塞入卡条和墙壁之间的缝中,用吸尘器吸去灰尘。

2.5.4 地毯楼地面施工的质量要求与验收标准

1.地毯楼地面施工的质量要求

(1)固定式地毯的铺设应符合以下几个规定。

①固定地毯用的金属卡条(倒刺板)、金属压条、专用双面胶带等必须符合设计要求。

②铺设的地毯张拉应适宜,四周卡条固定牢;门口处应用金属压条等固定。

③地毯周边应塞入卡条和踢脚线之间的缝中。

④粘贴地毯应用胶黏剂与基层粘贴牢固。

(2)活动式地毯的铺设应符合以下几个规定。

①地毯拼成整块后直接铺在洁净的地上,地毯周边应塞入踢脚线下。

②与不同类型的建筑地面连接处,应按设计要求收口。

③小方块地毯铺设,块与块之间应挤紧铺贴。

(3)楼梯地毯铺设,每梯段顶级地毯应用压条固定于平台上,每级阴角处应用卡条固定牢。

(4)地毯的品种、规格、颜色、花色、胶料和辅料及其材质必须符合设计要求和国家现行地毯产品标准的规定。检验方法:观察检查和检查材质合格记录。

(5)地毯表面应平服、拼缝处粘贴牢固、严密平整、图案吻合。

(6)地毯表面不应起鼓、起皱、翘边、卷边、显拼缝、露线和无毛边,绒面毛顺光一致,毯面干净,无污染和损伤。检验方法:观察检查。

(7)地毯同其他面层连接处、收口处和墙边、柱子周围应顺直、压紧。

2. 地毯楼地面施工质量的检验方法

地毯楼地面施工质量的检验方法是观察检查。

2.6　厨厕间防水施工工艺

1. 施工准备

1)作业条件准备

(1)厨厕间楼地面垫层已完成,穿过厨厕间地面及楼面的所有立管、套管已完成,并已经固定牢固,经过验收。管周围缝隙用混凝土填塞密实(楼板底需吊模板)。

(2)厨厕间楼地面找平层已完成,标高符合要求,表面应抹平压光、坚实。平整,无空鼓、裂缝、起砂等缺陷,含水率不大于9%。

(3)找平层的泛水坡度应在2%(即1:50),不得局部积水,与墙交接处及转角处、管根部,均要抹成半径为100 mm,均匀一致、平整光滑的小圆角,要用专用抹子。凡是靠墙的管根处均要抹出5%(1:20)的坡度,避免此处积水。

(4)涂刷防水层的基层表面,应将尘土、杂物清扫干净,表面残留灰浆硬块及高出部分应刮平、扫清。对管根周围不易清扫的部位,应用毛刷将灰尘等清除,如有坑洼不平处或阴阳角未抹成圆弧处,可用众霸胶:水泥:砂=1:1.5:2.5砂浆修补。

(5)基层做防水涂料之前,在突出地面和墙面的管根、地漏、排水口、阴阳角等易发生渗漏的部位,应做附加层增补。

(6)厨厕间墙面按设计要求及施工规定(四周至少上卷300 mm)有防水的部位,墙面基层抹灰要压光,要求平整,无空鼓、裂缝、起砂等缺陷。穿过防水层的管道及固定卡具应提前安装,并在距管50 mm范围内凹进表层5 mm,管根做成半径为10 mm的圆弧。

(7)根据墙上的50 cm标高线,弹出墙面防水高度线,标出立管与标准地面的交界线,涂料涂刷时要与此线齐平。

(8)厨厕间做防水之前必须设置足够的照明设备(安全低压灯等)和通风设备。

2)施工工具准备

厨厕间的施工工具有电动搅拌器、搅拌桶、小漆桶、塑料刮板、铁皮小刮板、橡胶刮板、弹簧秤、毛刷、滚刷、小抹子、油工铲刀、扫帚等。

2. 施工步骤

基层清理→细部附加层施工→涂膜防水层施工→防水层细部施工→涂膜防水层的验收。

3. 施工要点

(1)基层清理。

涂膜防水层施工前,先将基层表面上的灰皮用铲刀除掉,用笤帚将尘土、砂粒等杂物清扫干净,尤其是管根、地漏和排水口等部位要仔细清理。如有油污,应用钢丝刷和砂纸刷掉。基层表面必须平整,凹陷处要用水泥腻子补平。

(2)细部附加层施工。

①打开包装桶后先搅拌均匀。严禁用水或其他材料稀释产品。

②细部附加层施工:用油漆刷蘸搅拌好的涂料在管根、地漏、阴阳角等容易漏水的薄弱部位均匀涂刷,不得漏涂(地面与墙角交接处,涂膜防水上卷至墙上 250 mm 高)。常温 4 h 表干后,再刷第二道涂膜防水涂料,24 h 实干后即可进行大面积涂膜防水层施工,每层附加层厚度宜为 0.6 mm。

(3)涂膜防水层施工。

厨厕专用防水涂料一般厚度为 1.1 mm、1.5 mm、2.0 mm,根据设计厚度不同,可分成两遍或三遍进行涂膜施工。

其防水构造,如图 2.18 所示。

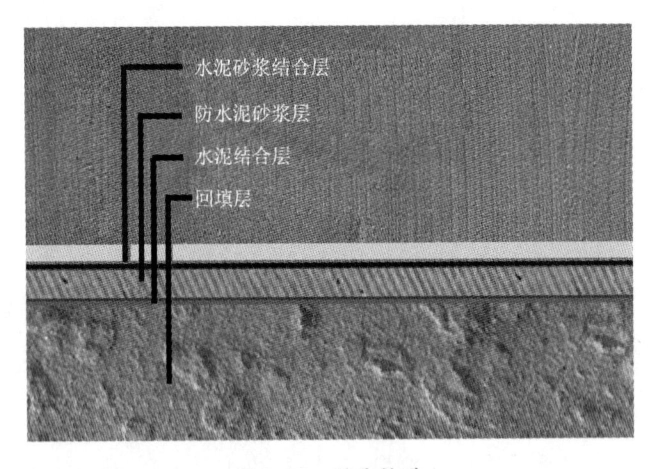

图 2.18　防水构造

①打开包装桶先搅拌均匀。

②第一层涂膜。将已搅拌好的厨厕专用防水涂料用塑料或橡胶刮板均匀涂刮在已涂好底胶的基层表面上,厚度为 0.6 mm,要均匀一致,刮涂量以 0.6 ~ 0.8 kg/m^2 为宜,操作时先墙面后地面,从内向外退着操作,如图 2.19 所示。

③第二层涂膜。第一层涂膜固化到不黏手时,按第一遍材料施工方法,进行第二层涂膜防水施工。为使涂膜厚度均匀,刮涂方向必须与第一遍刮涂方向垂直,刮涂量比第一遍略少,厚

图 2.19　第一层涂膜

度以 0.5 mm 为宜。

④第三层涂膜。第二层涂膜固化后，按前述两遍的施工方法，进行第三遍刮涂，刮涂量以 0.4 ~ 0.5 kg/m^2 为宜(如设计厚度为 1.5 mm 以上时，可进行第四次涂刷)。

⑤撒粗砂结合层。为了保护防水层，地面的防水层可不撒石渣结合层，其结合层可用 1:1 的 108 胶或众霸胶水泥浆进行扫毛处理，地面防水保护层施工后，在墙面防水层滚涂一遍防水涂料，未固化时，在其表面上撒干净的 2 ~ 3 mm 砂粒，以增加其与面层的黏结力。如图 2.20 所示。

图 2.20　撒粗砂结合层

⑥保护层或饰面层施工。

(4)防水层细部施工。

①管根与墙角施工做法。楼板→找平层(管根与墙角做半径 $R=10$ mm 圆弧,凡靠墙的管根处均抹出5%坡度)→防水附加层(宽150 mm,墙角高100 mm,管根处与标准地面齐平)→防水层→防水保护层→地面面层。

②地漏处细部施工做法。模板→找平层(管根与墙角做半径 $R=10$ mm 圆弧)→防水附加层(宽150 mm,管根处与标准地面齐平)→防水层→防水保护层→地面面层。

③门口细部施工做法。楼板→找平层(转角处做成半径 $R=10$ mm 圆弧)→防水附加层(宽150 mm,高与地面一致)→防水层(出外墙面250 mm)→防水保护层→地面面层。

(5)涂膜防水层的验收。

根据防水涂膜施工工艺流程,对每道工序进行认真检查验收,做好记录,须合格方可进行下道施工工序。防水层完成并实干后,对涂膜质量进行全面验收,要求满涂,厚度均匀一致、封闭严密,厚度达到设计要求(做切片检查)。防水层无起鼓、开裂、翘边等缺陷。经检查验收合格后可进行蓄水试验(水面高出标准地面20 mm),24 h无渗漏,做好记录,可进行保护层施工。

(6)成品保护。

①涂膜防水层操作过程中,操作人员要穿平底鞋作业,地面及墙面等处的管件和套管、地漏、固定卡子等,不得碰损、变位。涂防水涂膜施工时,不得污染其他部位的墙地面、门窗、电气线盒、暖卫管道、卫生器具等。

②涂膜防水层每层施工后,要严格加以保护,在厨厕间门口要设醒目的禁入标志,在保护层施工之前,任何人不得进入,也不得在上面堆放杂物,以免损坏防水层。

③地漏或排水口在防水施工之前,应采取保护措施,以防杂物进入,确保排水畅通,蓄水合格,将地漏内清理干净。

④防水保护层施工时,不得在防水层上拌砂浆,铺砂浆时铁锹不得触及防水层,要精工细作,不得损坏防水层。

(7)应注意的质量问题。

①涂膜防水层空鼓、有气泡:主要是基层清理不干净,涂刷不匀或者找平层潮湿,含水率高于9%;涂刷之前未进行含水率检验,造成空鼓,严重者造成大面积鼓包。因此在涂刷防水层之前,必须将基层清理干净,并保证含水率合适。

②地面面层施工后,进行蓄水试验,有渗漏现象:主要原因是穿过地面和墙面的管件、地漏等松动,烟风道下沉,撕裂防水层;其他部位由于管根松动或黏结不牢、接触面清理不干净产生空隙,接槎、封口处搭接长度不够,粘贴不紧密;做防水保护层时可能损坏防水层,第一次蓄水试验蓄水深度不够。因此要求在施工过程中对相关工序认真操作,加强责任心,严格按工艺标准和施工规范进行操作。涂膜防水层施工后,进行第一次蓄水试验,蓄水深度必须高于标准地面20 mm,24 h不渗漏为止,如有渗漏现象,可根据渗漏具体部位进行修补,甚至于全部返工。地面面层施工后,再进行第二遍蓄水试验,24 h无渗漏为最终合格,填写蓄水检查记录。

③地面排水不畅:主要原因是地面面层及找平层施工时未按设计要求找坡,造成倒坡或凹

凸不平而存水。因此在涂膜防水层施工之前，先检查基层坡度是否符合要求，与设计不符时，应进行处理再做防水，面层施工时也要按设计要求找坡。

④地面二次蓄水试验后，已验收合格，但在竣工使用后仍发现渗漏现象：主要原因是卫生器具排水与管道承插口处未连接严密，连接后未用建筑密封膏封密实，或者是后安卫生器具的固定螺丝穿透防水层而未进行处理。在卫生器具安装后，必须仔细检查各接口处是否符合要求，再进行下道工序。要求卫生器具安装后，注意成品保护。

4. 表面处理

(1)涂膜防水层每层施工后，要严格加以保护，在厨厕间门口要设醒目的禁入标志，在保护层施工之前，任何人不得进入，也不得在上面堆放杂物，以免损坏防水层。

(2)地漏或排水口在防水施工之前，应采取保护措施，以防杂物进入，确保排水畅通，蓄水合格，将地漏内清理干净。

(3)防水保护层施工时，不得在防水层上拌砂浆，铺砂浆时铁锹不得触及防水层，要精工细作，不得损坏防水层。

5. 质量验收标准

1)主控项目

(1)防水材料符合设计要求和现行有关标准的规定。

(2)排水坡度及预埋管道、设备、固定螺栓的密封符合设计要求。

(3)地漏顶应为地面最低处，易于排水，系统畅通。

2)一般项目

(1)排水坡、地漏排水设备周边节点应密封严密，无渗漏现象。

(2)密封材料应使用柔性材料，嵌填密实，黏结牢固。

(3)防水涂层均匀，不龟裂，不鼓泡。

(4)防水层厚度符合设计要求。

实训项目：木地板装饰施工实训

1. 注意事项(参照本情境所述相关内容)

1)实训准备

①选择实训场地。

②主要材料。

③具备的施工作业基本条件。

④主要机具。

2)施工工艺流程

3)施工质量控制要点

4)完成评价

2. 学生实训操作评价标准

序号	施工实训操作项目	评价内容	评价方式	评价分值
1	实训态度	包括出勤及完成的认真程度	形成性评价 总结性评价	10
2	绘制平面图和地面铺装图	线型、比例、标注等		5
3	构造做法详图	线型、比例、标注等		5
4	基层、弹线	基层的平整度及弹线的方法、位置的准确度		20
5	龙骨安装	龙骨的铺设方法及牢固度		20
6	面层铺设、踢脚线	面层板材的铺设方法及接缝严密程度		30
7	实训总结	分组讨论并形成总结报告要点		10
合　计				100

本实训按百分制考评,60分为合格。

情境小结

本学习情境介绍了几种不同类型楼地面装饰工程的施工,以及厨厕间地面防水等相关知识。着重讲解了水磨石楼地面、木质楼地面和大理石、花岗石地面的施工方法、步骤及施工要点等知识要点,要求掌握相关楼地面施工的质量控制。

思考题

1. 楼地面有哪些装饰类型?
2. 楼地面常用的装饰材料有哪些?
3. 水泥砂浆地面的施工构造做法有哪些?
4. 陶瓷地砖的施工工艺及操作要点有哪些?
5. 石材地面的施工工艺及操作要点有哪些?
6. 木地板有哪些类型? 实木地板的施工工艺有哪些?
7. 地毯有哪些种类? 如何进行地毯的收边处理?
8. PVC 塑胶地面施工条件有哪些?

学习情境3　顶棚装修施工

【学习目标】

知识目标	能力目标	权重
能够识读顶棚装饰施工图	能正确识读顶棚装饰施工图	0.10
了解各种顶棚装饰的类型	能正确地识别出顶棚装饰的不同类型	0.15
能正确表述顶棚装饰工程施工的内容	能正确选择不同材料构造的顶棚装饰工程施工工艺,正确选择所需施工机具	0.10
能够熟练表述顶棚装饰工程施工的操作步骤及方法	能正确表述顶棚装饰工程施工的步骤和方法	0.15
能熟练表述木龙骨吊顶施工的要求及搭设步骤	能正确选用木龙骨吊顶施工的材料和施工工艺;指导脚手架及支架的施工(包括工程质量检测)	0.13
能熟练表述U形轻钢龙骨吊顶施工的要求及搭设步骤	能正确选用U形轻钢龙骨吊顶施工的材料和施工工艺;指导脚手架及支架的施工(包括工程质量检测)	0.13
能熟练表述T形金属龙骨吊顶施工的要求及搭设步骤	能正确选用T形金属龙骨吊顶施工的材料和施工工艺;指导脚手架及支架的施工(包括工程质量检测)	0.13
能正确表述顶棚装饰施工规范与工程质量常见问题等	能进行吊顶施工工程质量检查;指导顶棚装饰施工(包括材料选择、施工工艺、控制工程质量问题)	0.11
合　计		1.00

【教学准备】

准备各种吊顶施工的资料,实训场地、机具及材料。

【教学方法建议】

集中讲授、小组讨论方案、制定方案、基地实训、现场观摩、拓展训练。

【建议学时】

16(6)学时。

3.1 室内装饰顶棚施工图识读

3.1.1 概述

顶棚是室内装饰的重要组成部分,既要满足人们的使用要求,如保温、隔热、防火、隔声、吸声、反射光照,又要考虑技术与艺术的完美结合。顶棚最能反映室内空间的形状,营造室内某种环境、风格和气氛。通过顶棚的处理,可以明确表现出所追求的空间造型艺术,显示各部分的相互关系,分清主次,突出重点与中心,对室内景观的完整统一及装饰效果影响很大。

顶棚、天棚含义较为广泛,是指室内上部空间的面层与结构层的总和,甚至包括整个屋顶结构,如采光屋顶可称为采光顶棚。

天花板是指室内上部构造中的饰面层,而不反映有无骨架结构,如楼板地面抹灰装饰称为天花板抹灰较确切。

吊顶是指在结构层下部悬吊一层骨架与饰面板装饰层、建筑物结构层拉开一定距离,本身的自重要依赖于建筑物结构层来承担,另外的含义是指施工的过程。

现代建筑中的设备管线较多,而且错综复杂,非常影响室内美观,利用吊顶可将设备管线敷设其内,而不影响室内观感。

3.1.2 室内装饰顶棚施工图识读内容

顶棚装饰施工图包括:顶棚平面布置图、构造节点图。有跌级的还要有局部剖面图,并应注明各层顶棚面层标高、细部做法等。

顶棚平面布置图是室内顶棚与装饰物的正面投影图,主要用来说明顶棚的平面尺寸、吊挂和龙骨平面布置、吊挂件及主次龙骨规格和顶棚装饰的式样及材料、位置、尺寸等。室内空间风格对灯具装饰有要求的,要标志灯具位置、品种规格和型号,如图 3.1 所示。构造节点图是按垂直或水平方向切开,以标志装饰面之间的对接方式和固定方法。节点图应详细表现出装饰面连接处的构造,注有详细的尺寸和收口、封边的施工方法,如图 3.2 所示。

3.2 室内装饰顶棚的分类及常用做法

3.2.1 室内装饰顶棚的分类

1. 按形式分类

顶棚按形式分类有平滑式(或称整体式)、分层式、井格式、悬浮式及结构顶棚等。

(1)平滑式。平滑式顶棚是室内上部整个表面呈较大平面或曲面的较平整的顶棚,它可以由结构层下表面装饰形成,也可以由结构层下面再吊顶形成。

(2)分层式。为满足光学、声学和装饰造型的要求,取得空间层次的变化,而将顶棚分成不同标高的两个或几个层次,称分层式顶棚,或称高低错台式。

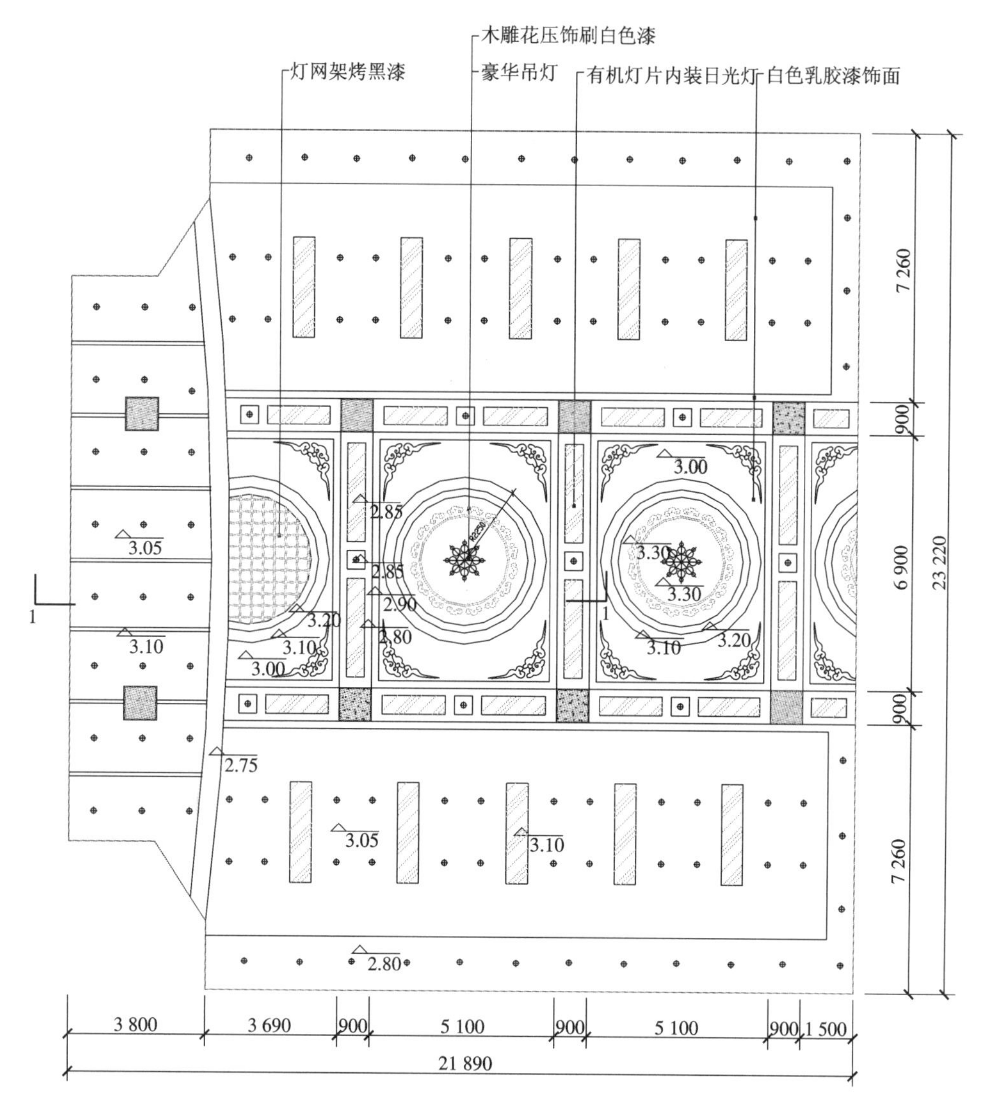

图3.1 顶棚布置图

(3)井格式。井格式顶棚,一种是利用井格式楼盖,直接贴龙骨和饰面板,保留原井格形式;另一种是在平楼盖下皮,用龙骨做骨架,外贴饰面板,形成矩形、方形、菱形井格,井格内做花式图案。方形井格装饰在中国古建筑中称为藻井,大尺寸的井格称为平棊(棋),小尺寸的井格称为井闇(暗)。

(4)悬浮式。为了装饰或满足声学、照明要求,将各种平板、曲板、折板或各种形式的饰物,在不用龙骨情况下直接吊挂在屋顶结构上,板面之间不连接。这种顶棚具有造型新颖、别致的特点,它能使空间气氛轻松、活泼和欢快。

(5)结构顶棚。一种是利用某些屋盖、楼盖结构构件优美的形状构成某种韵律,不加掩盖,巧妙地与照明、通风、防火、吸声等设备组合成的顶棚;另一种是采光屋顶,利用屋盖结构设

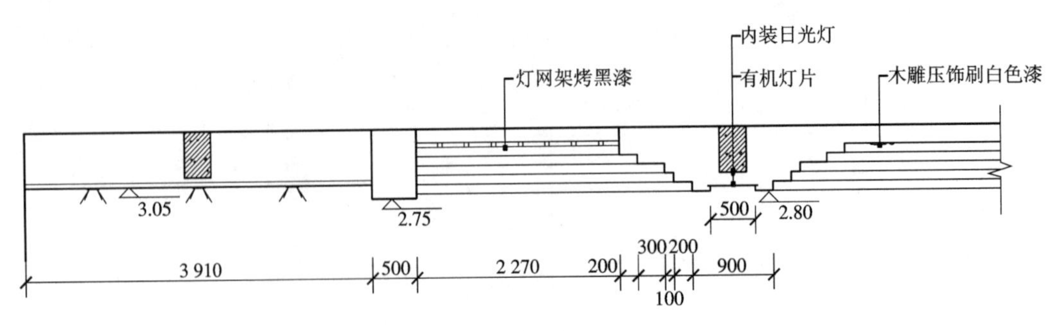

图 3.2　1—1 剖面图

置网络骨架，覆以透光面板（玻璃、有机玻璃等）而形成，它将屋顶结构、采光、装饰三种功能有机地结合在一起，形成一种特殊顶棚，作为在顶层公共活动房间、单层大跨度房间、单层入口大厅、四季厅和多层旅馆的共享空间的屋顶等。

2. 按做法分类

顶棚按做法分类有：直接喷涂顶棚、抹灰顶棚、吊顶顶棚。

(1) 直接喷涂顶棚。这是顶棚做法中最简单的一种，一般先在结构板底用腻子刮平，然后喷涂内墙涂料，适用于形式要求比较简单的房间，如库房、锅炉房和采用预制钢筋混凝土楼板的一般住宅。如图 3.3 所示。

(2) 抹灰顶棚。在钢筋混凝土楼板下，抹水泥石灰砂浆或水泥砂浆，表面喷涂内墙涂料或毛面涂料。亦可抹出各种天花装饰线，以增加装饰效果。如图 3.4 所示。

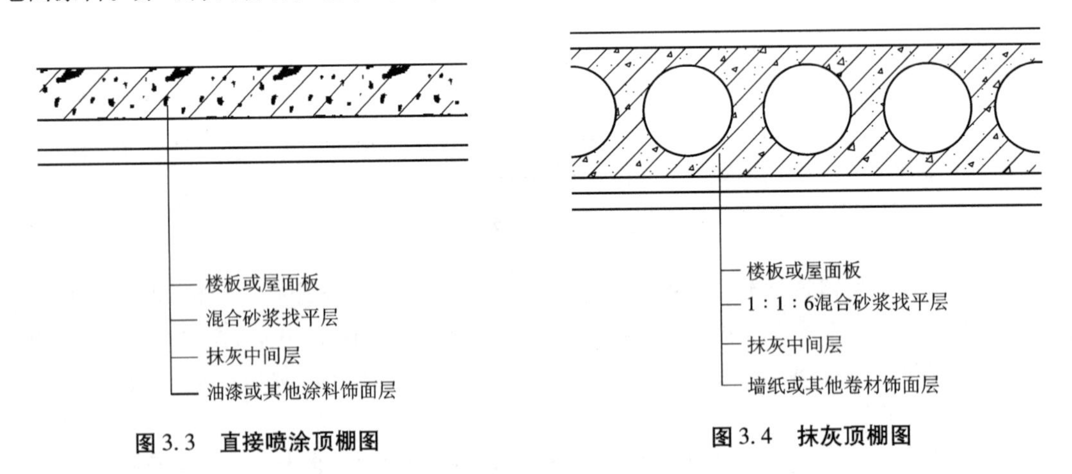

图 3.3　直接喷涂顶棚图

图 3.4　抹灰顶棚图

以上两种多称为天花板抹灰、天花板喷涂，是借用结构层底直接装饰。

(3) 吊顶顶棚。这是顶棚做法中较高档次的主要形式。其特点是采用骨架，使顶棚面层离开结构层，两者之间形成空间，其内可敷设各种设备或管道，如图 3.5 所示。其饰面层可用各种形式的板材，以便于做保温、隔热、隔音、吸声、艺术装饰等处理。

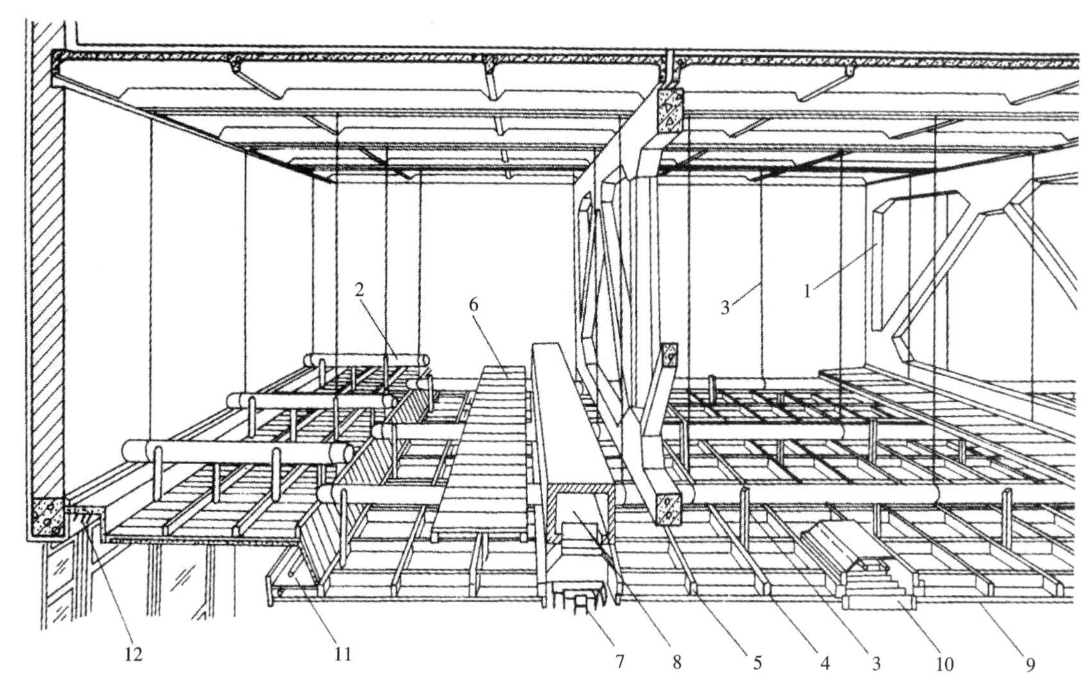

图3.5　吊顶悬挂于屋面下构造示意图

1—屋架;2—主龙骨;3—吊筋;4—次龙骨;5—间距龙骨;6—检修走道;
7—出风口;8—风道;9—吊顶面层;10—灯具;11—灯槽;12—窗帘盒

3.按顶棚骨架所用材料分类

顶棚按骨架所用材料分类有木龙骨吊顶、轻钢龙骨吊顶、T形铝合金龙骨吊顶。

(1)木龙骨吊顶。吊顶基层中的龙骨由木质材料制成,这是吊顶的传统做法。因其材料具有可燃性,不适用于防火要求较高的建筑物。因木材稀缺,木龙骨吊顶已限制使用。如图3.6所示。

(2)轻钢龙骨吊顶。轻钢龙骨吊顶是以镀锌钢带、薄壁冷轧退火钢带为材料,经冷弯或冲压而成的吊顶骨架,即轻钢龙骨。用这种龙骨构成的吊顶具有自重轻、刚度大、防火、抗震性能好、安装方便等优点。它能使吊顶龙骨的规格标准化,有利于大批量生产,组装灵活,安装效率高,已被广泛应用,如图3.7所示。轻钢龙骨的断面多为"U"形,称为"U"形轻钢龙骨;亦有"T"形断面的烤漆龙骨,可用于明龙骨吊顶。

(3)T形铝合金龙骨吊顶。T形龙骨是用铝合金材料经挤压或冷弯而成,断面为"T"形。如图3.8(a)、(b)所示。

这种龙骨具有自重轻、刚度大、防火、耐腐蚀、华丽明净、抗震性能好、加工方便、安装简单等优点。用于活动装配式吊顶的明龙骨,其外露部分比较美观。铝合金型材也可制成"U"形龙骨。

4.按饰面材料分类

顶棚按饰面板料分类有板条抹灰吊顶、钢板网抹灰吊顶、胶合板吊顶、纤维板吊顶、木丝板

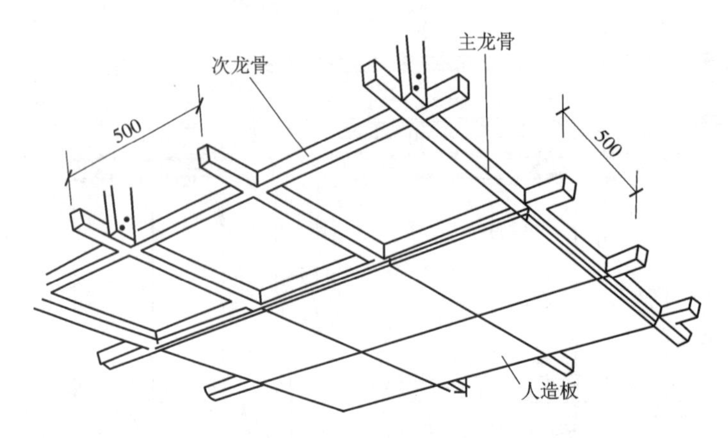

图 3.6　木龙骨吊顶

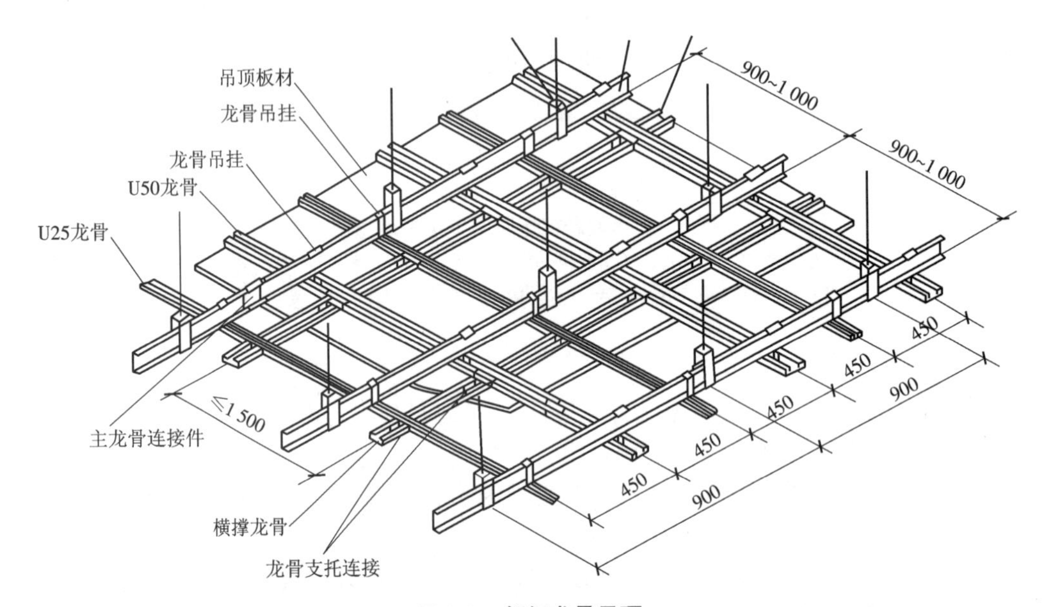

图 3.7　轻钢龙骨吊顶

吊顶、石膏板吊顶、矿棉吸声板吊顶、钙塑装饰板吊顶、塑料板吊顶、纤维水泥加压板吊顶、金属装饰吊顶等，以及使用现代新材料的顶棚，如茶色镜面玻璃吊顶、铝镁曲板吊顶等。

3.2.2　室内装饰顶棚常用做法

吊顶式顶棚是构造做法中的主要构成形式，由吊杆（吊筋）、龙骨（搁栅）、饰层及与其相配套的连接件和配件组成。如图 3.9、图 3.10 所示。

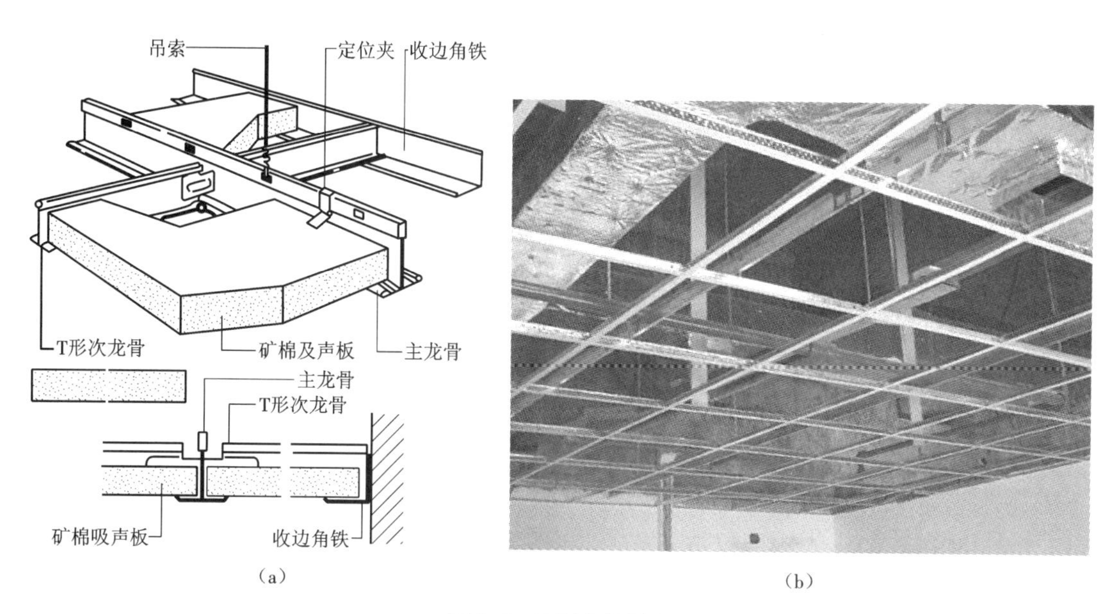

图3.8　T形龙骨吊顶

(a)T形龙骨吊顶构件　(b)直观图

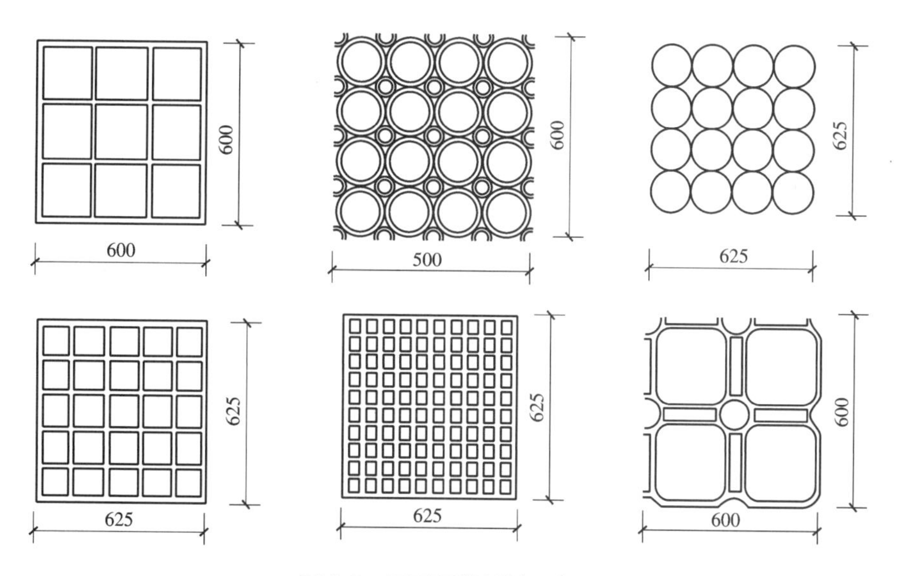

图3.9　吊顶顶棚板材示意图

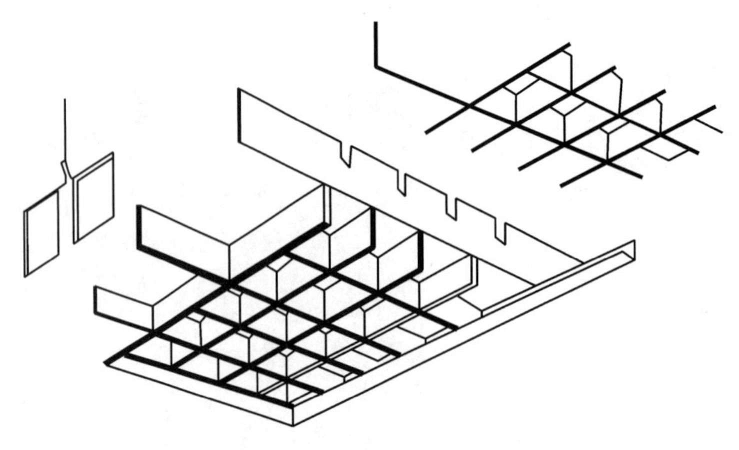

图 3.10　吊顶顶棚装配示意图

3.3　室内装饰顶棚的施工工艺

3.3.1　木龙骨吊顶施工工艺

在室内顶棚装饰施工中用木材作龙骨，组成顶棚骨架，表面覆以板条抹灰、钢板网抹灰以及各种饰面板制成顶棚，称为木龙骨吊顶，这是一种传统的吊顶形式。由于木材资源稀缺，防火性能差，因此木龙骨吊顶应用较少。但由于木材容易加工，便于联结，可以形成多种造型，所以在吊顶造型较为复杂时，仍得到部分应用。

木龙骨吊顶的基本特征。木龙骨吊顶属于木骨架暗龙骨整体式或分层式吊顶。在屋架下弦、楼板下皮均可以安装木龙骨吊顶。木龙骨可分为单层龙骨和双层龙骨。主龙骨可以吊挂，也可以两端插入墙内。主、次龙骨形成方格，边龙骨必须与四周墙面固定。各种饰面板均可粘贴和用钉固定在龙骨上，或用木压条钉子固定饰面板形成方格形吊顶，如图 3.11 所示。利用木龙骨刨光露明可拼装成各种线形图案，有方格式、曲线式、多边形等，在龙骨上部覆盖顶板或无顶板形成格式透空吊顶。

1. 施工准备

木骨架材料多选用材质较轻、纹理顺直、含水干缩小、不劈裂、不易变形的树种，以红松、白松为宜。木龙骨的材质、规格应符合设计要求。木材应经干燥处理，含水率不得大于 15%。饰面板的品种、规格、图案应满足设计要求。材质应按有关材料标准和产品说明书的规定进行验收。

木龙骨吊顶各部件准备具体如下。

(1) 吊杆和吊点。木龙骨吊顶的吊杆，采用 40 mm × 40 mm 木吊挂、8# 铅丝吊筋和 ϕ 6 ~ 8 mm钢筋制作。用铅丝吊筋时必须配合木顶撑(40 mm × 40 mm 方木)使用，木顶撑将主龙骨与楼板顶紧，借以将主龙骨固定与调平，又吊又顶。吊点的分布是 900 mm × 1 000 mm 方格

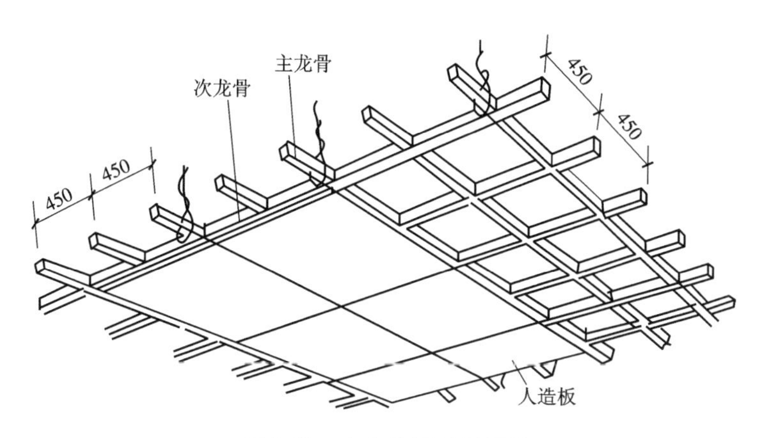

图3.11　木龙骨吊顶直观图

网。

在现浇混凝土楼板下设吊杆时，预埋 ϕ 6 mm 或 ϕ 8 mm 钢筋，一端弯折锚固在混凝土内，一端直伸出楼板下皮或弯成半圆环。吊杆与其焊接或绕于半圆环上。现浇混凝土楼板内设预埋件，吊杆直接焊在预埋钢板上，埋件钢板厚度大于5 mm。在预制混凝土楼板缝内设吊环、吊钩或直筋。做法是将 ϕ 6 mm 或 ϕ 8 mm 钢筋吊杆上部弯环（或钩）从板缝中伸出。环内插入 ϕ 10 mm短钢筋，横放在楼板上皮，浇注现浇层时将吊杆锚固。

用胀管螺栓固定吊杆连接件。用冲击钻在楼板下皮钻孔，设胀管螺栓固定角钢（带孔）或扁铁（带孔），吊杆从角钢孔中穿绕。

（2）主龙骨。主龙骨，其常用断面尺寸为 50 mm × 80 mm 或 60 mm × 100 mm，间距 1 000 mm × 1 500 mm。主龙骨与吊杆的连接方法可为绑扎、螺栓连接或铁钉钉牢。

（3）次龙骨。木龙骨吊顶不设中龙骨，次龙骨断面为 40 mm × 40 mm 或 50 mm × 50 mm。次龙骨与主龙骨垂直钉牢，间距一般为 400 ~ 500 mm 或根据饰面板规格尺寸而定，次龙骨方格为 500 mm × 500 mm 或 400 mm × 400 mm。

当吊顶为单层龙骨时不设主龙骨，而用次龙骨组成方格骨架，用吊挂直接吊在结构层下部。次龙骨底面要刨光，龙骨底面要平直，起拱高度为短向宽度的1/200。

（4）饰面板。石膏板、钙塑板、塑料装饰板、铝合金板、不锈钢板、胶合板等各类饰面板均可采用钉子固定或黏结，也可以用压条固定。胶合板木压条做法，可利用木压条组合花纹图案，增加吊顶装饰艺术效果。

木龙骨吊顶各部件组成，如图3.12所示。

木龙骨吊顶的施工与其他吊顶基本相同，只是在安装龙骨和吊顶边缘接缝处理上有所区别。

2. 施工步骤

弹线找平→检查、安装埋件和连接件→安装吊杆和主龙骨→安装木顶撑→安装次龙骨→安装饰面层。

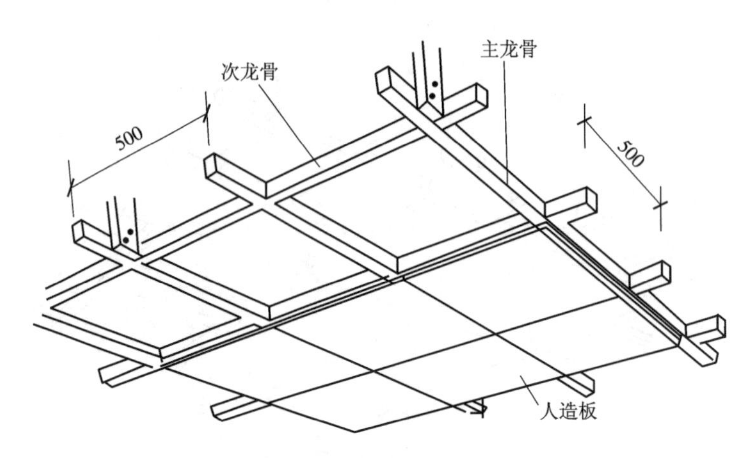

图 3.12　木龙骨吊顶各部件组成图

3.施工要点

(1)弹线找平。由室内墙上 500 mm 水平线上,用尺量至顶棚的设计标高,沿墙四周弹一道墨线,为吊顶下皮四周的水平控制线,其偏差不大于 ±5 mm。有造型装饰的吊顶弹出造型位置线。用胀管螺栓固定吊杆时,根据主龙骨间距及吊点位置,按计划要求在顶棚下皮弹出吊点布置线和位置。放线之后,应进行检查复核,主要检查吊顶以上部位的设备和管道对吊顶标高是否有影响,是否能按原标高进行施工,设备与灯具有否相碰等。如发现相互影响的情况,应进行调整。

(2)安装吊杆。根据吊点布置线及预埋铁件位置,进行吊杆的安装。吊杆应垂直并有足够的承载能力,当预埋的吊杆需要接长时,必须搭接焊牢,焊缝均匀饱满,不虚焊。吊杆间距一般为 900 ~ 1 000 mm,保温吊顶宜采用 ϕ 8 mm 钢筋。

(3)安装龙骨。

安装主龙骨。用吊挂件将主龙骨连接在吊杆上,拧紧螺栓固定牢固(也可用绑扎或铁钉钉牢)。整个房间的龙骨安装完毕,以房间为单位对主龙骨整体定位调平,并保证主龙骨间距均匀。

安装沿墙龙骨。在房间四周墙上沿吊顶水平控制线固定靠墙的次龙骨,称为沿墙龙骨。沿墙龙骨用胀管螺栓或钢钉固定。沿墙龙骨安装后,在其上画出次龙骨间距。

安装次龙骨。次龙骨应紧贴主龙骨安装。吊顶面层为板材时,板材的接缝处必须有宽度不小于 40 mm 的次龙骨或横撑。次龙骨间距为 400 ~ 500 mm。

次龙骨和横撑应有一面要刨平、刨光,安装时,刨光的一面应位于下皮相同标高,以使吊顶的面层平顺。钉中间部分的次龙骨时,应起拱。7 ~ 10 m 跨度的房间,一般按 3/1 000 起拱;10 ~ 15 m 跨度,一般按 5/1 000 起拱。在次龙骨的接头、断裂及大节疤处,均需用双面夹板夹住,并应错开安装。其主次龙骨安装节点,如图 3.13 所示。

调整校正。龙骨安装后,要进行全面调整。用棉线或尼龙线在吊顶下拉出十字交叉的标高线,以检查吊顶的平整度及拱度,并且进行适当的调整。调整方法是,拉紧吊杆或下顶撑木,以保证龙骨吊平、顺直、中部起拱。校正后,应将龙骨的所有吊挂件和连接件拧紧,夹牢。

木龙骨底面弹线。在吊好的木龙骨底面上按照吊顶板材的尺寸,留缝宽度,划线并弹出板材方格控制线,以保证装嵌板材时,拼缝一致,线条通直。

(4)安装饰面板。安装胶合板时,板块的接缝有对缝(密缝)、凹缝(离缝)和盖缝(无缝)三种形式。对缝,即板与板在龙骨处相对拼接,用粘、钉的方法将板固定在龙骨上,钉距不超过 200 mm。对缝多用于有裱糊、喷涂饰面的面层。凹缝,即在两块板接缝处,利用顶板的造型和长短做出凹槽。凹槽有矩形缝和 V 形缝两种。由板的形状而形成的凹缝可以不必另加处理,只需利用板的厚度所形成的凹缝即可涂刷颜色;也可加钉带凹槽的金属装饰板条,增加装饰效果。凹缝宽度不应小于 6 ~ 10 mm,缝宽应一致、平直、光滑、通顺,十字处不得有错缝、盖缝,板缝不直接露在板外,而用木压条盖住拼缝,这样可避免缝隙宽窄不均的现象,使板面线性更加强烈。木压条必须用优质干燥的木材。规格尺寸一致,表面平整光滑,不得有扭曲现象,钉距一般不大于 200 mm,钉子要两边交错钉,钉帽应打扁,并冲入压条 0.5 ~ 1.0 mm,钉眼用油性腻子抹平。

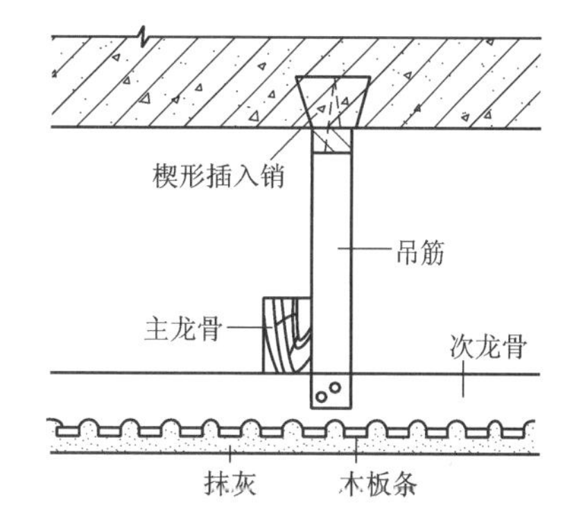

图 3.13 主次龙骨安装节点

4. 表面处理

饰面板的安装是施工表面处理的关键。根据饰面板的不同,分别有以下几种相对应的安装方法。

(1)胶合板安装。

①安装准备。

室内吊顶一般选用 4 mm 加厚胶合板或五层板。安装前,应对板材进行选择,对于表面有缺陷的,如有严重碰伤、木质断裂、划伤、失去尖角、木质脱胶起泡以及难以修补等缺陷的,应予剔除。此外,还应复核胶合板或五层板的几何尺寸和形状,如长度、宽度、厚度,以及是否有翘曲变形;对于板面色泽,应选择正面纹理相近和色泽相同的,并分别堆放。

如果饰面板是采用离缝安装,应根据设计要求,进行分格布置。在安装时,应尽量减少在明显部位的接缝数量,使吊顶规整。对此,其布置方法可有两种选择,其一为整块板居中,小块板布置在两侧;其二为整板铺大面,旁边铺小板。离缝安装的板块应按尺寸用细刨刨角,并用细砂纸磨光,达到边角整齐、安装方便的要求。

如果饰面板是采用密缝安装,由于板块较大,所以应将胶合板正面向上,按照木龙骨分格的中心线尺寸,用带色棉线或铅笔在胶合板面画出钉位标志线,作为安装钉位的依据,然后正面向下铺钉安装。对于方形和长方形的板块,应用方尺找方,以保证四角方正,然后进行板边的制作。密缝安装的板块,为便于嵌缝补腻子、减少缝隙的变形量,在板面四周用细刨刨出倒角,使缝的宽度在 2 ~ 3 mm 为宜。当吊顶有防火要求时,应在上述工序完成后,对板块进行防火处理。方法是,用 2 ~ 4 条木方将胶合板垫起,使板的反面向上,用防火漆涂刷三遍,待干后再用。

②安装。

上述工作完成后，即可进行面板的铺钉安装。根据已经裁好的板块尺寸及龙骨上的板块控制线，铺钉工作由中心向四周展开。铺钉时，将板的光面朝下，托起到预定位置。使板块上的画线与木龙骨上的弹线对齐，从板块的中间开始钉钉，逐步向四周展开，钉头应预先砸扁，顺木纹冲入板面 0.5 ~ 1.0 mm，钉眼用油性腻子找平，钉距 80 ~ 150 mm，分布均匀，钉长 25 ~ 35 mm。如果板块的边长大于 400 mm，方板中间应加 25 mm × 40 mm 的横撑，使板面平整，防止翘鼓。其安装好后的吊顶剖面，如图 3.14 所示。

吊顶中的高空送风口、回风口、灯具需要开口时，可预先在胶合板上画出，待钉好吊顶饰面后再行开出洞口，如图 3.15 所示。

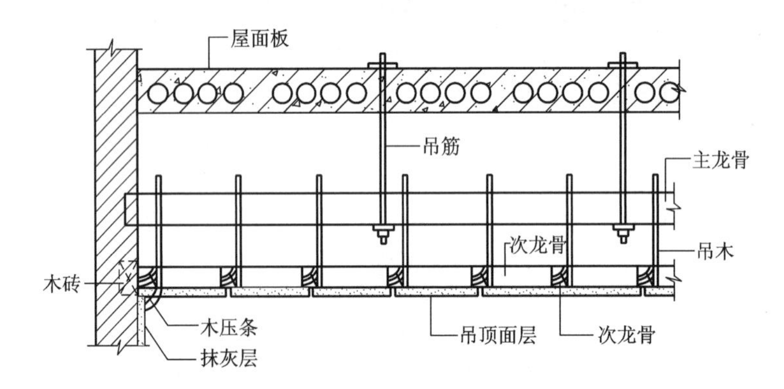

图 3.14　木龙骨吊顶剖面图

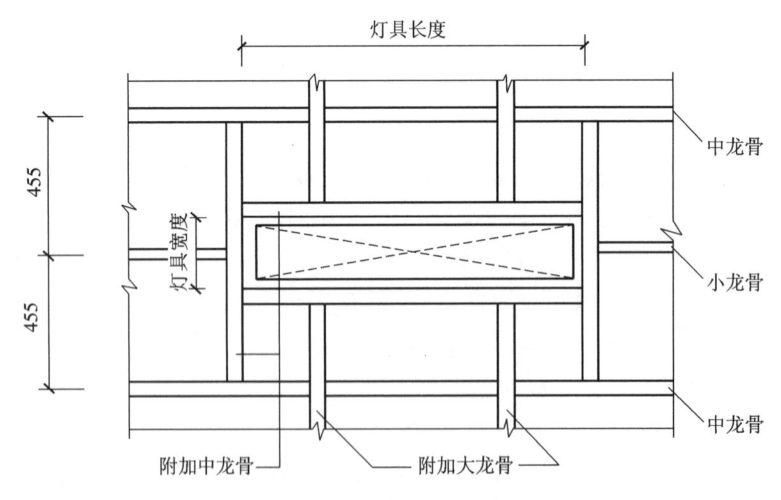

图 3.15　吊顶灯口布置图

(2)塑料凹凸板安装。

塑料凹凸板在木龙骨上的安装，可用压条、钉子或塑料花固定；压条可用木压条、金属压条或硬质塑料压条。在钉压条前，先用钉子将板固定就位。在已就位的板面上弹压条控制线，按控制线钉压条，钉距不小于 200 mm。用钉子固定钙塑板时，应采用镀锌圆钉或木螺丝，钉距不大于 150 mm。钉帽与板面齐平，并排列整齐。露明的钉帽，用与板面同色的涂料点涂。用塑料花固定塑料板时，在钙塑板的角部对缝处，用镀锌木螺钉将塑料花固定。

（3）条木饰面板安装。

木板条作饰面板吊顶是在某些特殊房间采用的。木板条要求用优质木材，如红松、白松、水曲柳等。木板条断面尺寸为（60～120）mm×（10～15）mm，长度为 1 500～2 500 mm，应尽量取长板以减少接头。要求接头缝隙严密，尽量做到无接头痕迹，每条接缝要错开。木板条侧面拼缝有凹缝、对缝之分，木板条的两侧一般要刨八字，以增加凹缝的效果。用木螺丝安装固定，安装前在龙骨上弹线，以保证木板条安装后顺直。木螺丝应冲入木板表面 0.5～1.0 mm，表面抹腻子。木板条安装完后用涂料涂饰。

木吊顶的边缘接缝处理，主要是指不同材料的吊顶面交接处的处理，如吊顶面与墙面、柱面、窗帘盒、设备开口之间，以及吊顶的各交接面之间的衔接处理。接缝处理的目的是将吊顶转角接缝盖住。接缝处理所用的材料通常是木装饰线条、不锈钢线条和铝合金线条等，如图 3.16 所示。

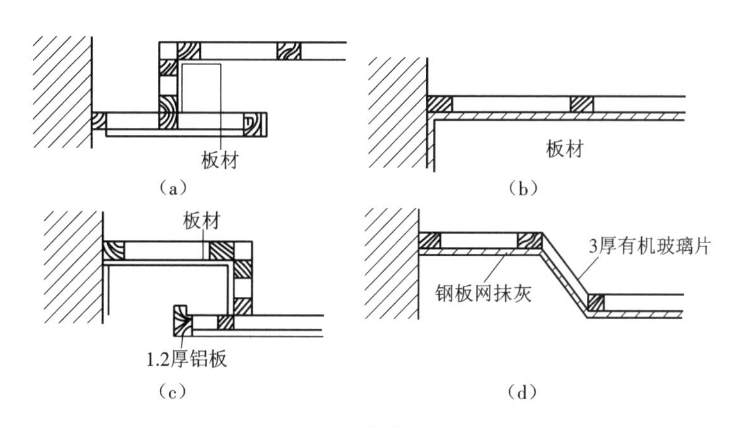

图 3.16　吊顶边缘常见接缝处理图

（a）木装饰线条墙封边　（b）不锈钢线条封边　（c）铝合金线条封边　（d）钢板网抹灰封边

处理边缘接缝的工序，应安排在吊顶饰面完成之后。接缝线条的色彩与质感，可以有别于吊顶的装饰面。用木条时，一般是先做好盖缝条，后涂饰，使用电动或气动射钉枪来钉接线条。用铁钉钉时，应将钉头砸扁，钉在木线条的凹槽处或者不显眼的部分。用不锈钢线条时可用衬条黏结固定。

①阴角处理。阴角是指两吊顶面相交时内凹的交角，常用木线角压住，在木线角的凹进位置打入钉子，钉帽孔眼可以用与木线条饰面相同的涂料点涂补孔。

②阳角处理。阳角是指两吊顶面相交时外凸的交角，常用的处理方法有压缝、包角等。

③过渡处理。过渡处理是指两吊顶面相接高度差较小时的交接处理，或者两种不同吊顶材料对接处的衔接处理。常用的过渡方法是用压条来进行处理，压条的材料有木线条或金属线条。木线条和铝合金线（角）条可直接钉在吊顶面上，不锈钢线条是用胶黏剂粘在小木方衬

条上,不锈钢线条的端头一般做成30°或45°角的斜面,要求斜面对缝紧密、贴平。

5. 验收标准

(1)吊顶标高、尺寸、起拱和造型应符合设计要求。检验方法:观察;尺量检查。

(2)饰面材料的材质、品种、规格、图案和颜色应符合设计要求。检验方法:观察;检查产品合格证书、性能检测报告、进场验收记录和复验报告。

(3)吊顶工程的吊杆、龙骨和饰面材料的安装必须牢固。检验方法:观察;手扳检查;检查隐蔽工程验收记录和施工记录。

(4)吊杆、龙骨的材质、规格、安装间距及连接方式应符合设计要求。金属吊杆应经过表面防腐处理;木吊杆、撑杆、龙骨应进行防腐、防火处理。检验方法:观察;尺量检查;检查产品合格证书、性能检测报告、进场验收记录和隐蔽工程验收记录。

(5)石膏板的接缝应按其施工工艺标准进行板缝防裂处理。安装双层石膏板时,面层板与基层板的接缝应错开,并不得在同一根龙骨上接缝。检验方法:观察。

(6)饰面材料表面应洁净、色泽一致,不得有翘曲、裂缝及缺损。压条应平直、宽窄一致。检查方法:观察;尺量检查。

(7)饰面板上的灯具、烟感器、喷淋头、风口篦子等设备的位置应合理、美观,与饰面板的交接应吻合、严密。检验方法:观察。

(8)金属吊杆、龙骨的接缝应均匀一致,角缝应吻合,表面应平整,无翘曲、锤印。木质吊杆、龙骨应顺直,无劈裂、变形。检查方法:检查隐蔽工程验收记录和施工记录。

6. 常见工程质量问题及其防治

(1)吊顶龙骨拱度不匀。

吊顶龙骨拱度不匀主要原因:木材材质不好,施工中难以调整;木材含水率较大,产生收缩变形;施工中未按要求弹线起拱,形成拱度不均匀。

吊顶龙骨拱度不匀防治措施:选用优质木材、软质木材,如松木、杉木;按设计要求起拱,纵横拱度应吊均匀。

(2)吊顶安装后,经短期试用即产生凹凸变形。

吊顶安装后,经短期试用即产生凹凸变形主要原因:龙骨断面尺寸过小或不直,吊杆间距过大,龙骨拱度未调匀,受力后产生不规则挠度;受力节点结合不严,受力后产生位移。

吊顶安装后,经短期试用即产生凹凸变形防治措施:龙骨尺寸应符合设计要求,木材应顺直,遇有硬弯应锯断调直,并用双面夹板连接牢固,木材在吊顶间若有弯度,弯度应向上;受力节点应钉严密、牢固,保证龙骨的整体刚度;吊顶内应设通风窗,室内抹灰时应将吊顶入孔封严,使整个吊顶处于干燥的环境之中。

(3)吊顶装钉完工后,部分纤维板或胶合板产生凹凸变形。

吊顶装钉完工后,部分纤维板或胶合板产生凹凸变形主要原因:板块接头未留空隙,板材吸湿膨胀易产生凹凸变形;当板块较大,装钉时板块与龙骨未全部紧贴就从四角或四周向中心排钉安装,致使板块凹凸变形;龙骨分格过大,板块易产生挠度变形。

吊顶装钉完工后,部分纤维板或胶合板产生凹凸变形防治措施:选用优质木材,胶合板应选用五层以上的椴木胶合板或选用硬质纤维板；纤维板应进行脱水处理，胶合板不得受潮，安装前应两面各涂刷一道油漆；轻质板宜加工成小块再装钉，应从中间向两端装钉，接头拼缝留 3 ~6 mm；合理安排施工顺序，当室内湿度较大时，宜先安装吊顶木骨架，然后进行室内抹灰，待抹灰干燥后再装钉吊顶面层。

3.3.2 U形轻钢龙骨吊顶施工工艺

U形轻钢龙骨吊顶是指吊顶用的主、中、次龙骨断面形状为U形，用1.2 ~1.5 mm 镀锌钢板(或一般钢板)挤压成形制成的龙骨，作为吊顶骨架，外贴饰面板组成顶棚，故称为U形轻钢龙骨吊顶。铝合金U形龙骨由1.2 ~1.5 mm 铝合金板带挤压、滚压成形制成龙骨。

U形轻钢龙骨吊顶的基本特征：U形轻钢龙骨吊顶的构造属于暗龙骨整体式或分层式吊顶，利用吊杆将顶棚骨架及面层悬吊在承重结构上，中间用木顶撑将龙骨调平，与结构层拉开一定距离，形成吊顶隔离空间。在顶层隔离空间可起隔热作用，在楼层可起隔音作用。饰面可以选用有花饰或有浮雕图案的饰面板。吊顶的艺术图案和造型主要依靠饰面板自身的花式图案和高低错落的分层造型来实现。如果是大面积整体式平面吊顶，可在饰面板(一般为纸面石膏或钢板网抹灰)上贴壁纸、浮雕、装饰图案和线脚进行二次装饰。其U形龙骨节点构造示意图，如图3.17所示。

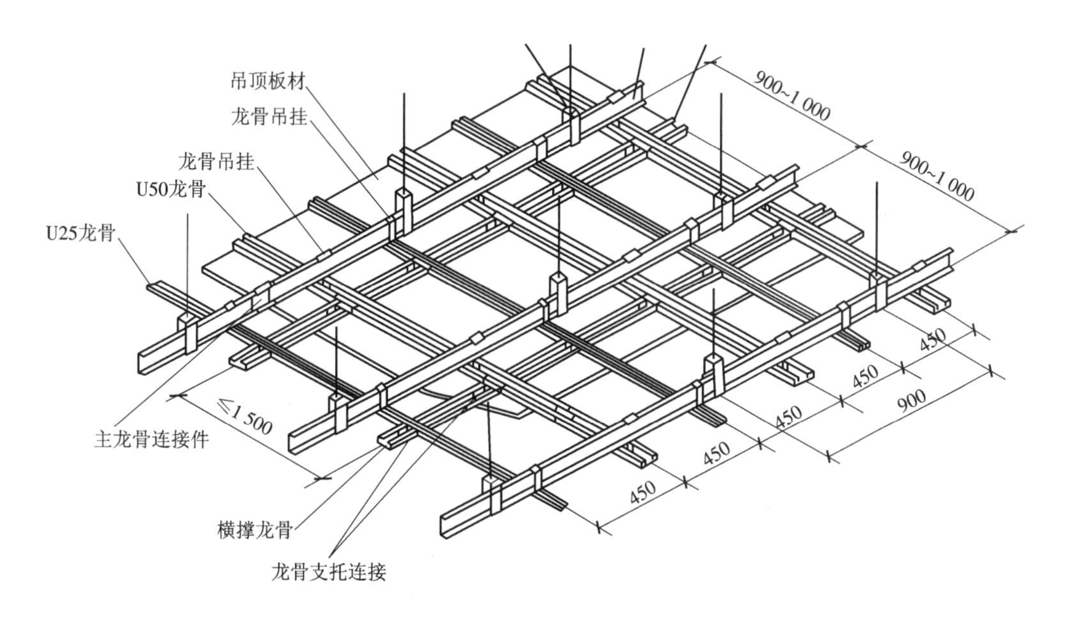

图3.17 U形龙骨节点构造示意图

骨架是由主龙骨、中龙骨、次龙骨组成方格，用吊杆挂接悬吊在楼板下皮，它分单层龙骨与双层龙骨两种做法。

单层龙骨。单层龙骨属于轻便做法，其做法是吊杆(ϕ 4 mm 钢筋吊杆)沿房间短向直接吊通长主龙骨或中龙骨，龙骨间距随饰面板材尺寸而定，一般为500 mm 或600 mm。垂直方向中龙骨与通长龙骨用支托插接形成方格网，双向龙骨表面作平，其间距也为 500 mm 或 600 mm。

双层龙骨。双层龙骨属于一般做法。其做法是吊杆（ϕ 6 ~ 8 mm 钢筋吊杆）直接吊卡主龙骨，主龙骨的间距为 1 000 ~ 1 200 mm，其底部为中龙骨，用吊挂件挂在主龙骨上，其间距随板材尺寸而定，一般为 400 ~ 600 mm。垂直于中龙骨的方向加中龙骨支承，称为横撑龙骨，其间距也随板材尺寸而定，一般为 400 ~ 1 200 mm。中龙骨支撑与中龙骨底要齐平。U 形龙骨的搭接：大、中型龙骨的纵向接长，采用插接件对接后用螺栓固定，横向龙骨可以在任意部位与纵向龙骨用螺栓和卡口相接，有可靠的牢固性。

1. 施工准备

材料准备如下。

(1) 龙骨。

①主龙骨。按其承载能力分为以下三级。轻型级主龙骨不能承受上人荷载，断面宽度为 30 ~ 38 mm。中型级主龙骨能承受偶然上人荷载，可在其上铺设简易检修马道，断面宽度为 45 ~ 50 mm。重型级主龙骨能承受上人检修 0.8 kN 集中荷载，可在其上铺设永久性检修马道，断面宽度为 60 ~ 100 mm。

②中龙骨。断面为 30 ~ 60 mm。

③次龙骨。断面为 25 ~ 30 mm。

目前国内常用的轻钢龙骨及其配件，按其龙骨断面的形状、宽度分为不同系列，各厂家的产品规格也不完全统一（互换性差），在选用龙骨时要注意选用同一厂家的产品。各种龙骨的断面尺寸要准确，符合国家标准。

(2) 饰面板。

饰面板有钙塑泡沫装饰板、PVC 塑料天花板、硬质纤维装饰板、穿孔石棉水泥板、各种玻璃吊顶板、镭射玻璃、石膏装饰吸声板、矿棉装饰吸声板、珍珠岩装饰吸声板、金属吊顶板等装饰板材。

(3) 吊杆与吊点

吊杆一般采用 ϕ 6 ~ 8 mm 的圆钢制作（木吊顶基层的吊杆有时采用40 mm × 40 mm或 50 mm × 50 mm 的方木）。吊杆间距一般采用 1 200 mm。吊点网格为1 200 mm × 1 200 mm或 1 200 mm × 1 500 mm。吊杆与楼板（屋顶板）的连接方法有以下几种。

①吊杆上端绕于钢筋混凝土预制板缝中预埋的吊环上，板缝中浇注 C20 细石混凝土。

②将吊杆绕于钢筋混凝土板底预埋件焊接的半圆环上。

③将吊杆焊于预制板板缝中预埋的 ϕ 10 mm 钢筋上，焊缝长 100 mm，板缝中浇注 C20 细石混凝土。

④在预制板的板底做埋件，焊 ϕ 10 mm 联结筋，并把吊杆焊于联结筋上。

⑤将吊杆缠绕于板底附加的 ∟50 × 5 角钢上，角钢与楼板预埋件焊接。

⑥木顶撑在吊点处上顶结构底面，下顶主龙骨上皮，用做调平。间距为 1 500 mm × 1 500 mm或 2 000 mm × 2 000 mm。

吊件构造如图 3.18、图 3.19 所示。

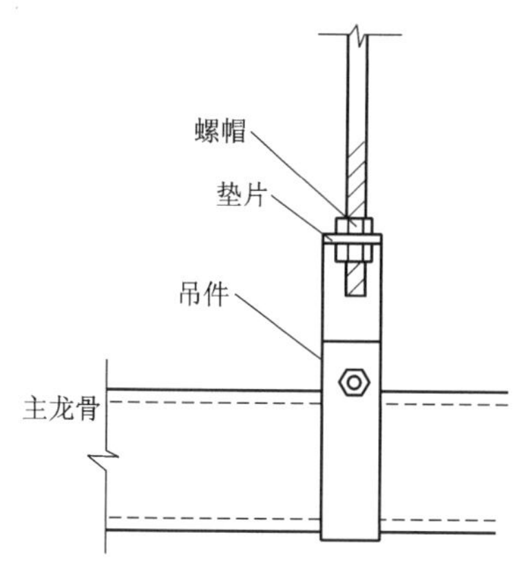

图3.18　吊件构造剖面图

图3.19　吊件构造直观图

2. 施工步骤

弹线→安装吊杆→安装主龙骨→安装中、次龙骨→安装横撑龙骨→检查调整主龙骨系统→安装饰面板→检查修整。

3. 施工要点

(1)弹线。根据顶棚设计标高,沿内墙面四周弹水平线。作为顶棚安装的标准线,其水平允许偏差为±5 mm,无埋件时,根据吊顶平面,在结构层板下皮弹线,定出吊点位置,并复验吊点间距是否符合规定;如果有埋件,可免去弹线。

(2)安装吊杆。

无预埋件时。按吊点位置打眼下胀管,将吊杆上端用螺栓固定。下端套丝配好螺帽,与龙骨吊挂件连接。吊杆距主龙骨端部不得大于300 mm(即主龙骨悬臂长度不得大于300 mm),否则应增设吊杆,以免主龙骨下坠。

有预埋件时。按木龙骨的吊杆与吊点施工。当吊杆与设备相碰时,应调整吊点位置或增设吊杆。预埋的吊杆接长时,必须采用搭接焊,搭接长度应大于100 mm,焊缝均匀饱满。

(3)安装主龙骨。用吊挂件将主龙骨连接在吊杆上,拧紧螺栓卡牢,并装好木顶撑初步调平。整个房间的主龙骨安装完毕,以房间为单位用吊杆调节螺栓和顶撑将主龙骨定位调平。

定位方法,用60 mm×60 mm断面的长方木,在方木上按主龙骨净距和宽度钉一排铁钉,将长方木横放在主龙骨之上,用钉子逐个卡住主龙骨。所用长方木数量依房间大小而定。拉通线调整吊杆螺栓和顶撑将主龙骨调平,并满足起拱高度不少于房间短向跨度的1/300~1/200的要求。

(4)安装中、次龙骨。用中吊挂将中龙骨固定在主龙骨下面,并与主龙骨垂直。吊挂件的上端要与主龙骨卡住,并用钳子将U形腿插入主龙骨内。中龙骨的间距应按设计规定的尺寸安装,当间距大于800 mm时,应在中龙骨之间增加次龙骨,次龙骨要与中龙骨平行,并用小吊挂件与主龙骨固定。中、次龙骨应与主龙骨底面紧贴(单层龙骨吊顶除外),并在安装垂直吊挂件时用钳子夹紧,以防止松紧不一致,造成局部应力集中而使吊顶变形。

(5)安装横撑龙骨。横撑龙骨可用中、次龙骨截取,应与中、次龙骨相垂直地装在饰面板的拼接处,与中、次龙骨处于同一水平面。横撑龙骨的断头插件将横撑龙骨与中、次龙骨连接在一起。安装时,应保证横撑龙骨要与中、次龙骨底面平顺,以便安装饰面板。然后再安装吊顶周边异型龙骨或铝角盖缝条。

(6)龙骨安装质量检查及调整。重点检查设备检修口周围及检查人员在吊顶上部活动较多的部位,检查强度及角度,观察加载后有无明显翘曲、颤动;检查各吊杆、吊点、连接点的连接,有无虚接和漏接问题;检查龙骨的外形,有无翘曲、扭曲现象,如果发现有质量问题,要及时修理、补装或加固处理。

(7)安装饰面板。在安装饰面板之前,应对板材的质量进行检查。用作基层板的板材,应剔除破损、裂缝、受潮、变形的板,把合格的板材托起平放,防止受潮、变质。用于装饰的板材多为定形饰面板,除了剔除有上述缺陷的板材外,还应对板的花纹色彩进行检查,如果花纹不同或色彩差别较大,应分别放置。饰面板与龙骨的连接有不同的方法,如钉接、黏接、卡接等。

纸面石膏板或石膏装饰板安装。纸面石膏板用自攻螺钉固定,螺钉间距不大于 200 mm,钉头嵌入石膏板约 0.5 ~ 1 mm,钉眼用油性腻子抹平,表面再做二次装修;石膏装饰用十字沉头自攻螺钉固定,板间留 6 mm 缝隙,用盖缝条将缝压严。

钙塑凹凸板安装。用 401 胶粘贴,在板背面四周涂胶黏剂,待胶黏剂稍干,触摸时能拉细丝后即可按弹线进行就位粘贴,再压密实粘牢。挤出的胶液应及时擦净。待全部板块贴完后,用胶黏剂拌石膏粉调成腻子,把板缝、坑洼、麻面补实刮平。如果板面有污迹,需要用肥皂水洗擦除污,再用清水抹净。

用压缝条固定钙塑凹凸板时,压缝条可以采用木条、金属条以及硬质塑料条等。在钉压缝条之前,要先用钉子将钙塑凹凸板固定就位;钙塑板全部就位后,在其板面上弹出压缝条控制线,然后才能按控制线钉压缝条,钉距应小于 200 mm。

用钉子固定钙塑凹凸板时,须采用镀锌圆钉,钉距应小于 150 mm,排列整齐;钉帽应与板面齐平,并用与板面颜色相近的涂料涂盖。

用塑料花固定钙塑凹凸板时,可以用镀锌木螺钉将塑料花钉压在板块的四角对接部位,同时沿着板块边缘用镀锌圆钉进行固定,露明的钉帽要用与板面颜色相近的涂料涂盖。

铝合金条板安装。铝合金条板吊顶的中龙骨,是不同于其他板材的专用龙骨。龙骨及条板规格尺寸和卡口形式是相互配套的。铝合金条板可组合成透缝吊顶或闭缝吊顶,条板安装时,应从边部开始。顺卡口缝方向逐块进行。吊顶内有保温层时,其保温材料与条板同时安装。

图 3.20 所示为 U 形龙骨吊顶分层构造镜面图。

4. 表面处理

饰面板的固定是施工表面处理的关键。U 形龙骨吊顶多采用封闭式吊顶,饰面板可以选用胶合板、纸面石膏板、防火纸面石膏板、穿孔石膏吸声板、矿棉吸声板、矿棉装饰吸声板、钙塑泡沫装饰吸声板等轻质板材。采用整张的纸面石膏板做面层应进行二次装饰处理,常用做法为刷油漆、贴壁纸、喷耐擦洗涂料等。金属饰面板、塑料条板、扣板等不需要表面二次装饰。装饰面板与龙骨的连接可采用螺钉、自攻螺钉、胶黏剂。

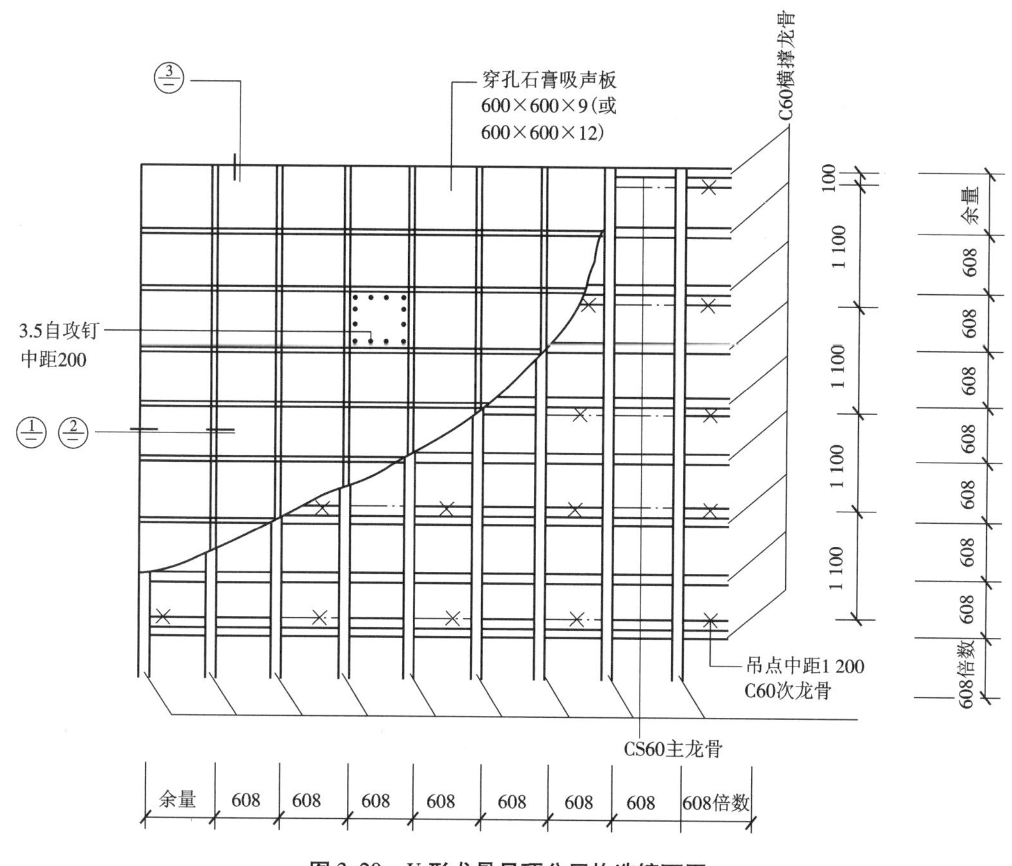

图 3.20　U 形龙骨吊顶分层构造镜面图

1)黏结法

采用黏结法时,应注意板材与基层之间的平整,去掉油污并保持干净。

常用的胶黏剂有以下几种。

(1)4115 建筑胶黏剂。这是以溶液聚合的聚醋酸乙烯为基料的无机填料,经过机械作用而制成的一种常温固化单组分胶黏剂。它适用于黏结木材、石棉板、纸面石膏板、矿棉板、刨花板、钙塑板、聚苯烯泡沫板等。这种胶黏剂具有固体含量高、收缩率低、早强发挥快、黏结力强、防水、防冻、无污染等特点。

(2)SG791 建筑轻板胶黏剂。这是以聚醋酸乙烯和建筑石膏调制而成的一种胶黏剂。适用于黏结纸面石膏板、矿棉吸音板、石膏装饰板等。

(3)XY－401 胶黏剂。这是由氯丁橡胶与酚醛树脂经搅拌使其溶解于汽油而制成的一种混合液,适用于石膏板、钙塑板等板材的黏结。

2)钉子固定法

采用钉子固定法应区分板材的类别,并注意有无压缝条、装饰小花等配件,常用的钉子有圆钉、扁头钉、木螺丝(用于木龙骨)和自攻螺丝(用于轻钢龙骨)等。采用钉子固定法时,钉子间距应不大于 150 mm,在四块板的交角处钉装饰小花;饰面板横、竖缝钉塑料压缝条、木压缝条。

3)卡口镶嵌法

金属面层与基层的连接一般采用卡口连接或扣板钉子连接,它采用特制配套龙骨与其相匹配的金属条板镶嵌固定。

5. U形龙骨吊顶工程验收标准

(1)主龙骨吊点间距应按规定选择,中间部分应起拱,起拱高度应不小于房间短向跨度的1/300~1/200。

(2)当吊杆与设备相遇时,应适当调整吊点位置或增设吊杆,以保证吊顶的平整。

(3)吊杆应通直并有足够的承载能力,当预埋的吊杆需要接长时,必须搭接焊牢。焊缝长度不得小于100 mm,焊缝应均匀、饱满。

(4)各龙骨纵向连接件应错位安装,明龙骨系列应矫正纵向龙骨的直线度,直线度应目测无明显弯曲。龙骨纵向连接处搭接错位偏差不得超过2 mm。

(5)明龙骨系列的横撑龙骨与纵向龙骨的间隙不得大于1 mm。

(6)用手摇动安装的吊顶骨架,应牢固可靠。

6. U形龙骨吊顶常见工程质量问题及其防治

(1)吊顶龙骨拱度不均;吊顶轻质板材面层变形;轻质板材面层同一直线上的压缝条或板块明显拼缝,其边棱不在同一条直线上,有错压、弯曲、不方正等现象。

①主要原因。龙骨分布间距不均匀,龙骨不平直;未拉通线全面调整龙骨位置;饰面板各部位尺寸检查不严。

②防治措施。龙骨定位要准确,安装前要调直;拉通线整体调整龙骨的平直度,起拱要一致;全面检查饰面板尺寸。

(2)吸音板面层的孔距排列不均匀,孔眼从不同方向看不成直线,并有弯曲的现象。

①主要原因。未按设计要求制作板块样板或因板块及孔位加工精度不高、偏差大而使孔距不均;装板块时操作不当,致使拼缝不直,分格不均匀、不方正等。

②防治措施。板块应装匣钻孔。即用5 mm钢板做成样板,放在被钻板块上面,用夹具螺栓垂直钻孔,每匣放12~15块,第一匣加工后试拼,合格后继续加工;板块装订前,应在每条纵、横龙骨上按所分位置弹出拼缝中心线及边线,然后沿弹线装钉板块,如发生超越,应予以修正。

3.3.3 T形金属龙骨吊顶施工工艺

T形金属龙骨吊顶,是指吊顶用的中、次龙骨断面为T形(主龙骨断面为U形),统称为T形龙骨吊顶。T形金属龙骨是用1.2~1.5 mm镀锌钢板或铝合金板带轧辊滚压制成。也可用铝合金采用挤出法生产T形龙骨。最近新出现的烤漆龙骨是采用镀锌钢板挤压成形的同时在T形翼缘包裹一层烤漆薄金属。制成的T形烤漆龙骨,使吊顶龙骨露明部分由镀锌钢板改为烤漆金属,颜色可由烤漆薄金属而定,是一种较为经济的龙骨。

(1)T形金属龙骨吊顶,一种是明龙骨,操作时将饰面板直接摆放在T形龙骨组成的方格内，T形龙骨的横翼外露，外观如同饰面板的压条效果。另一种是暗龙骨，施工时将饰面板凹槽嵌入T形龙骨的横翼上，饰面板直接对缝，外观见不到龙骨横翼，形成大片整体拼装图案。T形龙骨吊顶组成，如图3.8所示。

1. 施工准备

1）材料准备

（1）龙骨与配件。T形龙骨由主、中、次龙骨组成。主龙骨为U形断面，分为以下三级。重型级：能承受上人检修0.8 kN集中荷载，可在其上铺设永久性检修马道，龙骨断面宽度为60～100 mm。中型级：承受偶然上人荷载，可在其上铺设简易检修马道，龙骨断面宽度为45～50 mm。轻型级：不能承受上人荷载，龙骨断面宽度为38～45 mm。中龙骨断面为T形（安装时倒置），断面高度有32 mm和35 mm两种，在吊顶边上的中龙骨面为L形。次龙骨的断面为T形（安装时倒置），断面高度有23 mm和32 mm两种。次龙骨也叫横撑龙骨。

T形龙骨的组装方式有一般组装和轻便组装两种。一般组装是一种双层龙骨做法，主龙骨多为轻钢U形系列，其间距为1 000～1 200 mm；中龙骨多采用铝合金Y形龙骨，其间距随饰面板材尺寸而定，一般为500 mm或600 mm，中龙骨和次龙骨处在同一平面上。吊顶饰面板材直接摆放在T形或L形的翼缘上。轻便组装是一种单层龙骨做法，主龙骨与中龙骨均采用铝合金T形系列。吊杆可以采用ϕ 4 mm铁丝代替。主龙骨与中龙骨安装在同一平面上，其间距均取决于吊顶饰面板尺寸。饰面板可以直接放在主、中龙骨组成的方格内。

龙骨搭接时，主、中龙骨采用插卡接头进行纵向连接；采用吊挂件进行相互垂直连接；若次龙骨与中龙骨垂直交接，中龙骨有冲孔，次龙骨端部有特制压型翼板，当插入中龙骨冲孔后即锁住，安装非常方便、插接牢固安全。中、次龙骨下皮取平。

（2）饰面板。T形金属龙骨吊顶的饰面板常采用矿棉板、玻璃纤维板、装饰石膏板、钙塑装饰板。珍珠岩复合装饰板、钙塑泡沫塑料装饰板、岩棉复合装饰板等轻质板材，亦可用纸面石膏板、石棉水泥板、金属压型吊顶板等。

（3）吊杆与吊点。吊点和U形龙骨吊顶相同，吊杆除可用U形龙骨吊顶所用吊杆外，还可采用ϕ 4 mm钢筋、8#钢丝2股、10#镀锌铁丝6股。如图3.21所示。

2）材料质量要求

（1）T形金属龙骨吊顶饰面板的材料质量要求和U形轻钢龙骨相同。

（2）除按U形轻钢龙骨饰面板质量要求外，对于暗装T形龙骨要求其平整度允许偏差为±0.5 mm，不得有翘曲和硬折弯。

（3）饰面板的侧边凹槽要平直，露明部分不得缺损。

（4）饰面板的规格尺寸要精确、方正、对角线允许误差不得大于1.0 mm。

（5）饰面板的色彩、花纹、浮雕等要一致、规整，拼装后花纹图案组合精确，无对接痕迹。

（6）饰面板无损、无色变、无翘曲变形。

2. 施工步骤

（1）明式龙骨施工步骤。弹线→安装吊杆→安装主龙骨→安装中、次龙骨→安装横撑龙骨→检查调整主龙骨系统→放置饰面板→检查修整。

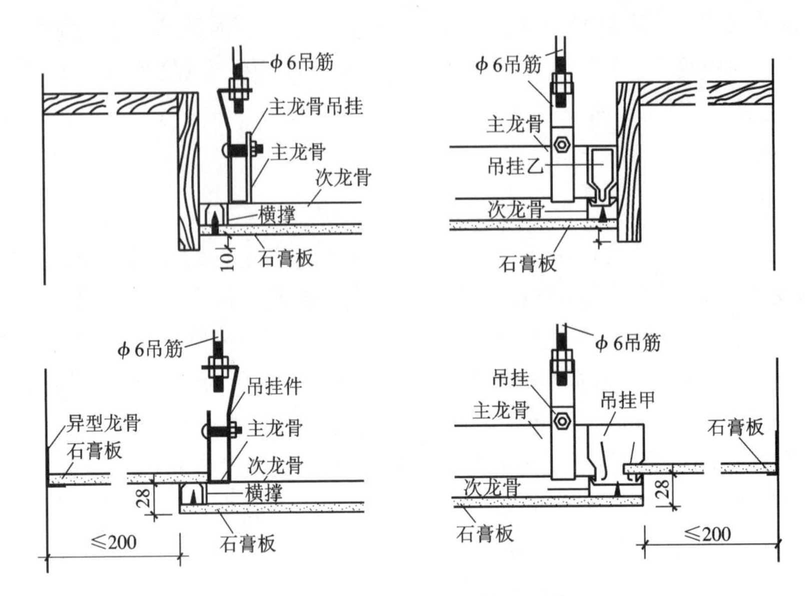

图 3.21 T 形金属龙骨吊杆与吊点图

(2)暗式龙骨施工步骤。弹线→安装吊杆→安装主龙骨→安装中、次龙骨→检查调整龙骨系统→嵌饰面板→装横撑龙骨→检查修整。

3. 施工要点

(1)弹线。同 U 形龙骨施工。

(2)安装吊杆。同 U 形龙骨施工。

(3)饰面板的固定。T 形金属龙骨吊顶的饰面板为活动装配式，与龙骨的连接方法有两种。一种是饰面板浮搁在龙骨横翼上，龙骨横翼露明。另一种是将饰面板四边凹槽插放在 T 形龙骨横翼上，龙骨不外露。前者称明式龙骨吊顶，后者称暗式龙骨吊顶。如图 3.22 所示。

采用明龙骨安装时，T 形龙骨既是吊顶的水平承重骨架，又是吊顶饰面的盖缝条，施工方便，又有纵横分格的装饰效果，适用于公共建筑的吊顶。特别是吊顶内有设备、管道，需要经常打开维修时，尤为方便。

采用暗龙骨安装时，饰面板形成整片式，龙骨不外露，饰面板图案花纹连续。

(4)安装主龙骨。当采用双层龙骨时，主龙骨为 U 形，用吊挂件将主龙骨固定在吊杆上，螺栓连接拧紧，主龙骨安装完后，用木顶撑进行调平调直，定位方法与 U 形轻钢龙骨相同，并满足起拱高度不少于房间的短向跨度的 1/300 ~ 1/200。

当采用单层龙骨时，主龙骨 T 形断面高度采用 38 mm，适用于轻型不上人明龙骨吊顶。有时采用一种中龙骨，纵横交错排列，避免龙骨纵向连接，龙骨长度为 2 ~ 3 个方格。单层龙骨安装时，首先沿墙面上的标高线固定边龙骨，边龙骨底面与标高线齐平，在墙上用 φ 20 mm 钻头钻孔，孔距 500 mm，将木楔子打入孔内，边龙骨钻孔，用木螺栓将龙骨固定于木楔上，也可用 φ 6 mm塑料胀管木螺栓固定，然后再安装其他龙骨，吊挂吊紧龙骨，吊点采用 900 mm × 900 mm或900 mm × 1 000 mm。最后调平、调直、调方格尺寸。

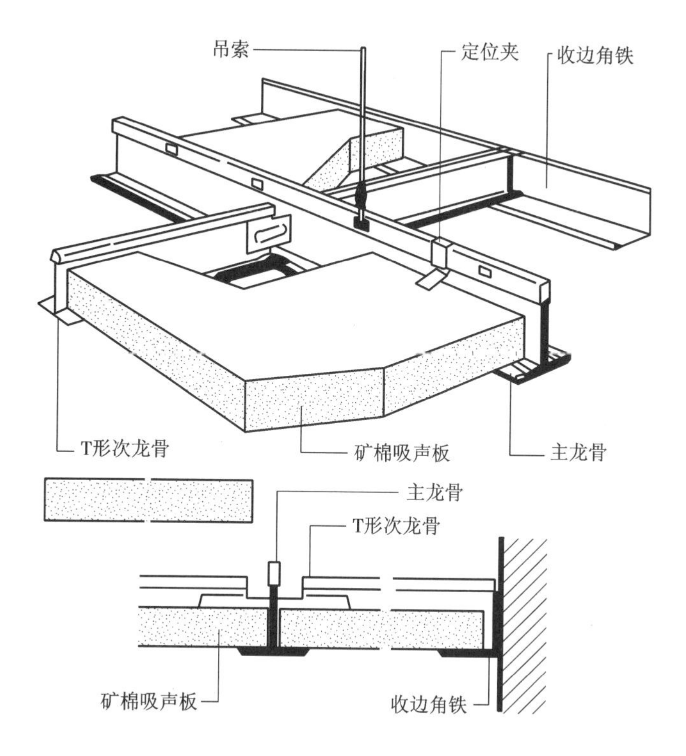

图3.22　T形金属龙骨吊顶饰面板固定图

(5)安装中、次龙骨。当采用双层龙骨时，用吊挂件紧贴主龙骨下皮安装中龙骨并卡紧。当中龙骨间距大于800 mm时，在中龙骨之间平行中龙骨加一道次龙骨，用小吊挂与主龙骨固定。吊挂件要卡紧，防止松紧不一致，造成龙骨不平。

首先安装边龙骨，边龙骨底面沿墙面标高线齐平固定墙上，并和主龙骨挂接，然后安装其他中、次龙骨。中、次龙骨需要接长时，用纵向连接件，将特制插头插入插孔即可，插接件为单向插头，不能拉出。在安装中、次龙骨时，为了保证龙骨间距的准确性，应事先制作一个标准尺杆，用来控制龙骨间距。由于中、次龙骨露于板外，因此，龙骨的表面要保证平直一致。

(6)安装横撑龙骨(用中、次龙骨断面)。在横撑龙骨端部用插接件插入龙骨插孔，即可固定，插件为单向插接，安装牢固。要随时检查龙骨方格尺寸。

当采用暗式龙骨时，每安装一道横撑龙骨，就插入一块饰面板，慢慢推入以防侧面凹槽损坏。然后再安装一道横撑，将龙骨翼缘插入饰面板凹槽内。如此往复安装直到整个房间完成。安装最后一排龙骨，要改为转90°方向插入饰面板和横撑，如图3.23、图3.24所示。

(7)安装顶撑。用木方子(30 mm×30 mm、40 mm×40 mm)上端顶紧楼板下皮或屋架下弦下皮；下端与主龙骨(或中龙骨)连接顶紧，中间和吊杆固紧。顶撑有调整吊顶平整和加固吊顶的作用。

(8)检查修整。整个房间安装完工后，进行检查，调直、调平龙骨，饰面板拼花不严密或色彩不一致的，要调换，花纹图案拼接有误的，要矫正。最终效果如图3.25所示。

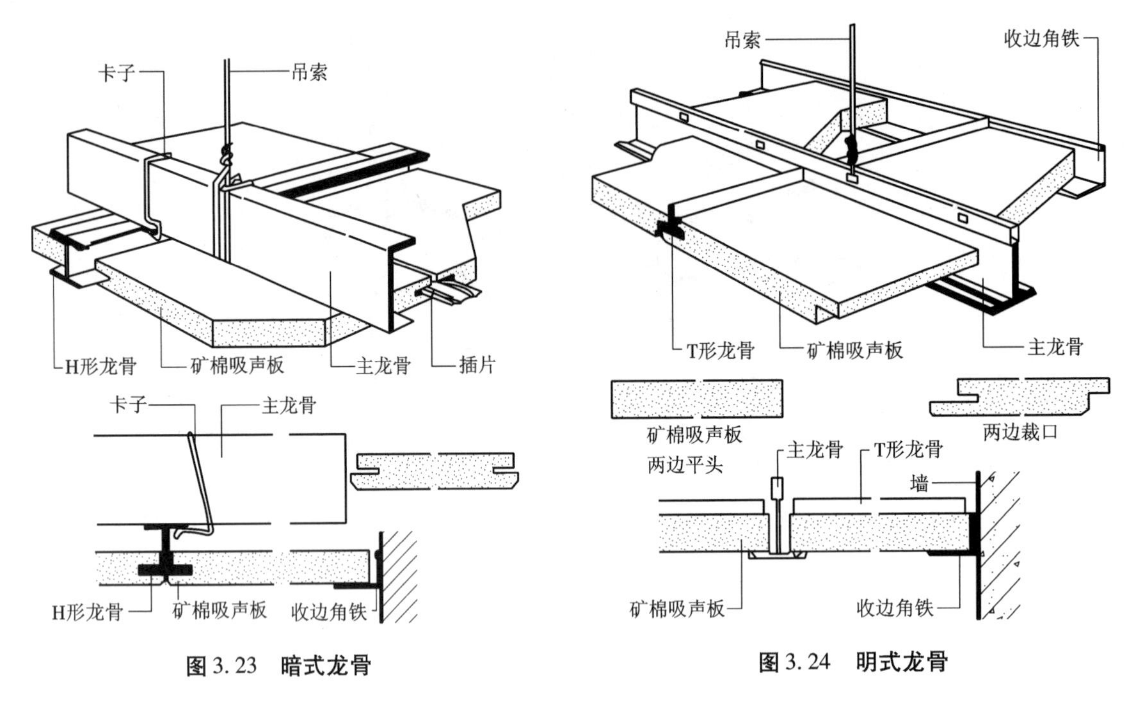

图 3.23 **暗式龙骨**

图 3.24 **明式龙骨**

图 3.25 **T 形金属龙骨吊顶效果**

4. 表面处理

饰面板的安装是施工表面处理的关键。当采用明式龙骨时,龙骨方格调整平直后,将饰面板直接摆放在方格中,由龙骨翼缘承托饰面板四边。也可以用卡子暗挂龙骨上。如图 3.24 所示。

5. T 形金属龙骨吊顶施工验收标准

T 形金属龙骨吊顶施工的工程验收标准和外观质量要求同 U 形轻钢龙骨吊顶。

6. T形金属龙骨吊顶常见工程质量问题及其防治

(1)主龙骨、次龙骨线条不平直。

主龙骨、次龙骨线条不平直主要原因:主龙骨、次龙骨受扭折,虽经修整,仍不平直;未拉通线全面调整主龙骨、次龙骨的高低位置;测吊顶的水平尺有误差,中间起拱度不符合规定。

主龙骨、次龙骨线条不平直防治措施:凡受扭折的主龙骨、次龙骨一律不宜采用;挂铅线的钉位,应按龙骨的走向每隔1.2 m射一支钢钉;拉通线,调整龙骨的高低位置和线条平直;水平标高应测量准确。

(2)吊顶造型不对称,饰面板布局不合理。

吊顶造型不对称,饰面板布局不合理主要原因:未拉十字中心线;未按设计要求布置主龙骨、次龙骨;弹线分格不正确。

吊顶造型不对称,饰面板布局不合理防治措施:按标高在房间四周水平线位置拉十字中心线;按设计要求布置主龙骨、次龙骨;弹线时先从吊顶平面中线向四周分格,余量应平均分配在四周最外边一块。

实训项目:顶棚装饰施工实训

1. 注意事项(参照本节所述相关内容)

1)实训准备

(1)选择实训场地。

(2)主要材料。

(3)具备的施工作业基本条件。

(4)主要机具。

2)施工步骤

3)施工质量控制要点

4)完成评价

2. 学生实训操作评价标准

学生实训操作评价标准,见表3.1。

表 3.1　学生实训操作评价标准

序号	施工实训操作项目	评价内容	评价方式	评价分值
1	实训态度	包括出勤及对实训的认真程度	形成性评价 总结性评价	10
2	绘制顶面图和吊顶构造图	线型、比例、标注等		5
3	构造做法详图	线型、比例、标注等		5
4	基层、弹线	基层的平整度及弹线的方法、位置的准确度		20
5	龙骨安装	龙骨的铺设方法及牢固度		20
6	面层铺设和面层处理	面层板材的铺设方法及接缝严密程度		30
7	实训总结	分组讨论并形成总结报告要点		10
合　计				100

本实训按百分制考评，60 分为合格。

情境小结

本学习情境对几种不同类型顶棚装饰工程的施工，以及几种常用顶棚吊顶施工等相关知识进行了讲解。着重讲解了木龙骨吊顶、U 形轻钢龙骨吊顶、T 形金属龙骨吊顶的施工要点及施工步骤等知识要点。要求掌握相关顶棚装饰施工的质量控制。

思考题

1. 顶棚有哪些装饰类型？
2. 顶棚常用的装饰材料有哪些？
3. 轻钢龙骨纸面石膏板顶棚施工工艺及操作要点有哪些？
4. 矿棉板顶棚的施工工艺及操作要点有哪些？
5. 顶棚装饰施工的收边处理方式有哪些？
6. 顶棚装饰施工常用验收方法有哪些？

学习情境4　外墙面装修施工

【学习目标】

知识目标	能力目标	权重
能够表述外墙整体施工过程	能正确识读幕墙的结构施工图	0.10
能正确表述外墙的构造与材料要求	根据幕墙的构造标准，能进行幕墙施工图的会审和技术交底	0.15
能正确表述外墙施工进度表中幕墙的施工内容	能较正确提出幕墙施工的人机料计划，正确选择所需施工机具	0.10
能够熟练表述水准仪、经纬仪对幕墙进行定位放线时的操作步骤及方法	能正确操作水准仪、经纬仪，正确进行幕墙的定位、放线及轴线的引测	0.10
能熟练表述外墙施工脚手架的种类及特点、脚手架的搭设要求及搭设步骤	能正确选用幕墙施工时所需脚手架及支架的类型，指导脚手架及支架的施工（包括搭设和检查）	0.10
能正确表述外墙下料单的编制方法、幕墙的施工方法及施工规范等	能正确编制幕墙的下料单，能指导幕墙的施工（包括不同幕墙构件的选择、连接、安装及检查）	0.13
能正确表述幕墙的类型及特点、不同种类施工过程及施工方法和施工规范等	能正确选用幕墙不同的种类及规格，指导幕墙的施工（包括挂件的定位、安装、检查）	0.10
能正确表述幕墙施工检查内容及步骤、施工方法及施工规范等	能进行幕墙构件的抽样检查，指导幕墙施工	0.10
能正确表述幕墙工程施工及质量验收	能在外墙施工过程中正确进行安全控制、质量控制，分析并处理常见质量问题和安全事故	0.12
合　计		1.00

【教学准备】

准备外墙施工中各工种（测量工、架子工等）的视频资料（各院校可自行拍摄或向相关出版机构购买），实训基地、水准仪、全站仪、钢管、模板、锚固件、骨架等实训场地、机具及材料。

【教学方法建议】

集中讲授、小组讨论方案、制订方案、观看视频、读图正误对比、下料长度计算、基地实训、现场观摩、拓展训练。

【建议学时】

15(6)学时

幕墙施工的流程,如图 4.1 所示。

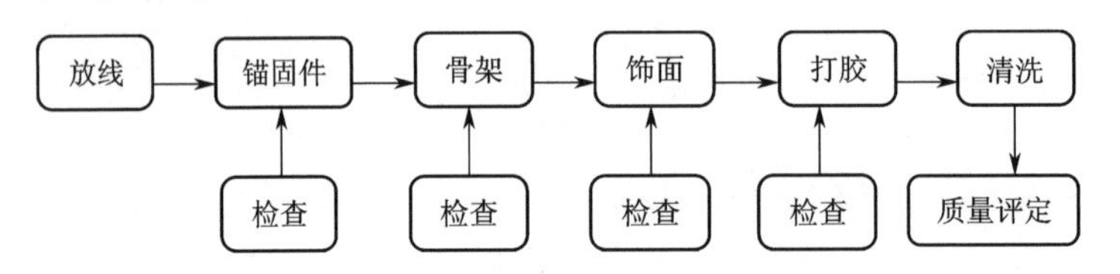

图 4.1 幕墙施工的流程框图

4.1 幕墙的特点、分类及结构

随着科学技术的发展,产生了许多新的外墙装饰形式,建筑幕墙技术就是其中的代表。幕墙将金属构件与各种板材悬挂在建筑主体结构的外侧,将建筑技术、建筑功能和装饰艺术有机结合。幕墙本身不受其他构件传递的荷载,只承受自重和风荷载。

4.1.1 幕墙的特点

幕墙有以下几个优点。

(1)造型美观,装饰效果好。建筑幕墙造型,解决了传统建筑技术不易解决的问题,使外墙饰面更加丰富。

(2)质量轻,减轻了主体结构的荷载。幕墙材料的重量一般在 30 ~ 50 kg/m^2。

(3)施工速度快,工期较短。幕墙构件工业化程度高,装配简单,减少了现场安装操作的工序,缩短了建筑装饰工程的工期。

(4)维修方便。幕墙构件多由单元构件组合而成,局部有损坏时可以很方便地维修或更换,从而延长了幕墙的使用寿命。

(5)具有一定的使用功能,如防风、保温、隔热、防噪声。

幕墙也有缺点,如造价较高、材料及施工技术要求高、存在着反射光线对环境的光污染问题等。

4.1.2 幕墙的分类

按照建筑幕墙所采用的墙面材料分类,幕墙有玻璃幕墙、金属幕墙和石材幕墙等类型。

玻璃幕墙采用玻璃作为饰面材料;金属幕墙采用一些轻质的金属,如铝合金、不锈钢等材料作为装饰表面;石材幕墙利用天然石材或人造石材作为饰面材料。幕墙装饰效果,如图 4.2 所示。

1. 玻璃幕墙的分类及组成

1)玻璃幕墙的分类

玻璃幕墙分为有框幕墙和无框幕墙(全玻璃幕墙),有框幕墙可分为全隐幕墙、半隐幕墙、

(a)

(b)

图4.2　建筑幕墙效果图

(a)玻璃幕墙　(b)金属幕墙

明框幕墙;无框幕墙又可分为点连接式、底座连接式、吊挂连接式全玻璃幕墙。

有框幕墙一般由幕墙骨架、幕墙玻璃及封缝材料组成。另外,为了安装固定和装饰完善玻璃幕墙,还应配有连接固定件和装饰件。

2)玻璃幕墙的组成

(1)幕墙骨架。幕墙骨架是玻璃幕墙的支撑体系,它承受玻璃传来的荷载,然后将荷载传给主体结构。幕墙骨架一般采用型钢或铝合金型材等材料。断面有工字形、槽形、方管形等,如图4.3所示。

型材规格及断面尺寸是根据骨架所处的位置、受力特点和大小而确定的。常见的国产铝合金型材玻璃幕墙系列的骨架断面尺寸、特点及适用范围,见表4.1。

表4.1　国产玻璃幕墙常用系列

名称	竖框断面尺寸($h \times b$)(mm)	特点	适用范围
150系列铝合金玻璃幕墙	150×50	结构精巧,功能完善,维修方便	楼层高≤3.9 m,框格宽≤1.5 m,使用强度≤3 600 N/m^2,总高120 m以下的建筑

续表

名称	竖框断面尺寸 $(h\times b)$(mm)	特点	适用范围
210 系列铝合金玻璃幕墙	210×50	属于重型、标准较高的全隔热玻璃幕墙,功能全,但结构构造复杂,造价高,所有外露型材与室内部分用橡胶垫分隔,形成严密的断冷桥	楼层高≤3.2 m,框格宽≤1.5 m,使用强度≤2 500 N/m^2,总高 100 m 以下建筑的大分格结构的玻璃幕墙
简易通用型幕墙	网格断面尺寸同铝合金门窗	简易、经济、网格通用性强	幕墙高度不大的部位
100 系列铝合金玻璃幕墙	100×50	结构构造简单,安装方便,连接支座可采用固定连接	楼层高≤3 m,框格宽≤1.2 m,使用强度≤2 000 N/m^2,总高 50 m 以下的建筑
120 系列铝合金玻璃幕墙	120×50	同 100 系列	同 100 系列
140 系列铝合金玻璃幕墙	140×50	制作容易,安装维修方便	楼层高≤3.6 m,框格宽≤1.2 m,使用强度≤2 400 N/m^2,总高 80 m 以下的建筑

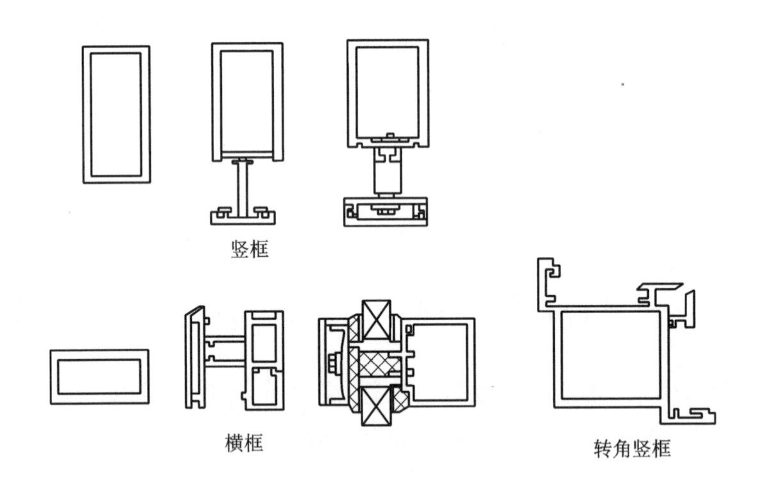

图 4.3 玻璃幕墙骨架的断面形式

无框玻璃幕墙一般由幕墙支承结构、幕墙玻璃及封缝材料组成。点连接式支承结构采用 X 或 H 形的金属支承件与幕墙玻璃孔通过螺栓、柔性垫固定。底座连接式支承结构由金属夹槽、玻璃肋、螺栓等构成。吊挂连接式支承结构由钢梁、吊钩、金属夹槽、玻璃肋等构成。无框玻璃幕墙点连接式支承结构,如图 4.4 所示。

(2)玻璃。用于玻璃幕墙饰面玻璃的主要有浮法透明玻璃、热反射玻璃(镜面玻璃)、吸热玻璃、夹层玻璃、中空玻璃,以及钢化玻璃、夹丝玻璃等。

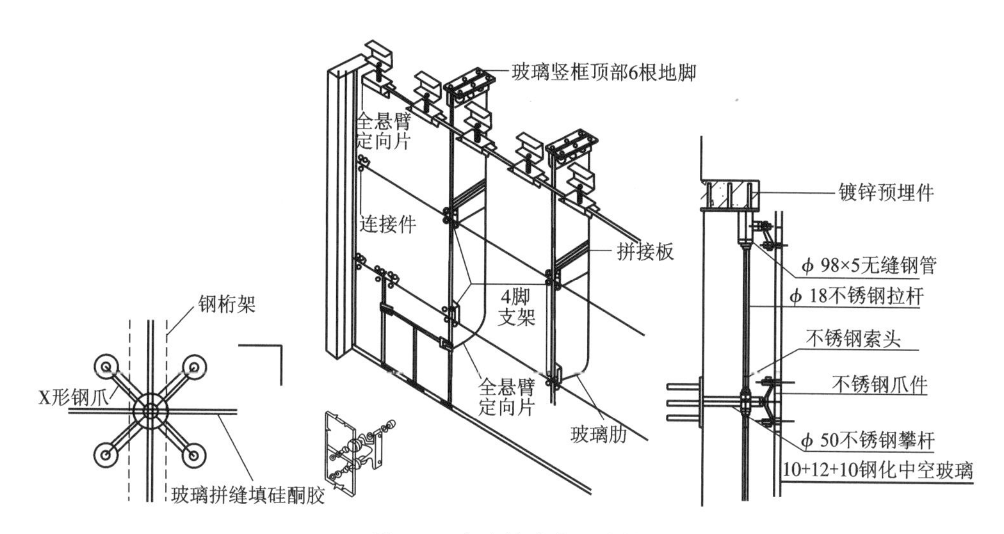

图 4.4　点连接式支承结构

浮法玻璃具有两面平整、光洁的特点，比一般平板玻璃光学性能好；热反射玻璃（镜面玻璃）能通过反射掉太阳光中的辐射热而达到隔热的目的；镜面玻璃能映射附近景物和天空，可产生丰富的立面效果；吸热玻璃的特点是能使可见光透过而限制带热量的红外线通过，其价格适中，应用较多；中空玻璃具有隔声和保温的功能效果，双层中空玻璃构造，如图 4.5 所示。

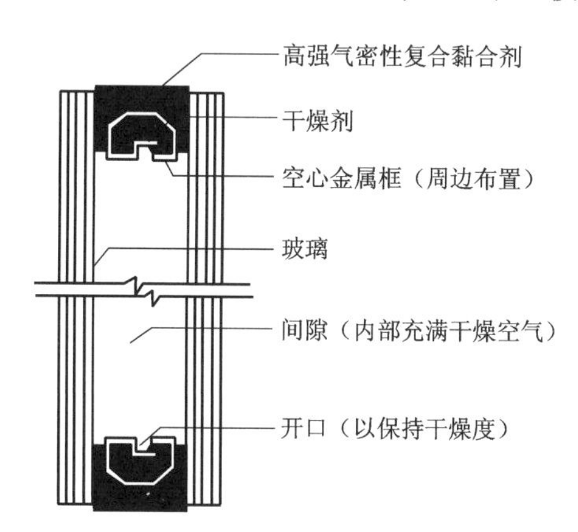

图 4.5　双层中空玻璃构造

幕墙玻璃常用厚度有：3 mm、4 mm、5 mm、6 mm、10 mm、12 mm、15 mm 等。

中空玻璃夹层厚度有：6 mm、9 mm、12 mm、24 mm 等。

(3)封缝材料。用于处理玻璃幕墙中玻璃与框格或框格相互之间缝隙的材料，如填充材料、密封材料和防水材料等。

填充材料主要有聚乙烯泡沫胶、聚苯乙烯泡沫胶等，形状有片状、圆柱状等，主要用于填充框格凹槽底部的间隙。

密封材料采用较多的是橡胶密封条，使用时嵌入玻璃两侧的边框内，从而起密封、缓冲和固定压紧的作用。

防水材料采用的是硅酮系列密封胶，在玻璃装配中，硅酮胶常与橡胶密封条配合使用，内嵌橡胶条，外封硅酮胶。

玻璃与金属框格的缝隙处理，如图 4.6 所示。

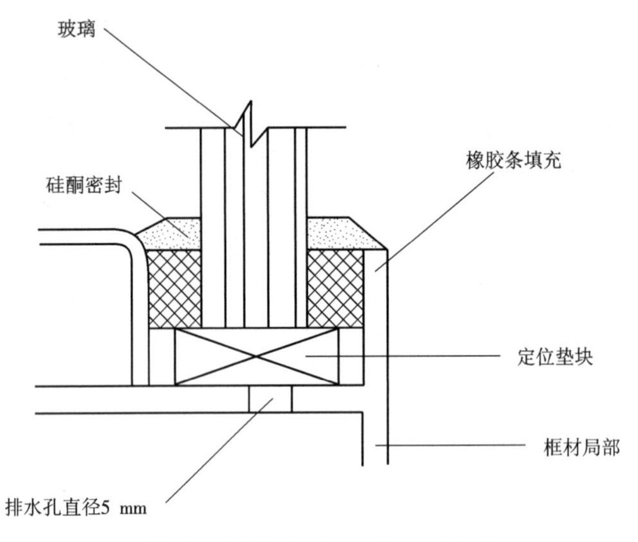

图 4.6 玻璃与框材之间缝隙的处理

(4)连接固定件。连接固定件是指玻璃幕墙骨架之间及骨架与主体结构构件(如楼板)之间的结合件。连接固定件多采用角钢垫板和螺栓，不用焊接连接，这是因为采用螺栓连接可以调节幕墙变形。玻璃幕墙连接固定件，如图 4.7 所示。

(5)装饰件。装饰件主要包括后衬墙(板)、扣盖件以及窗台、楼地面、踢脚、顶棚等与幕墙相接触的结构部件，起装饰、密封与防护的作用。后衬墙(板)内可填充保温材料，提高整个玻璃的保温性能。玻璃幕墙保温衬墙构造，如图 4.8 所示。

2. 金属幕墙的分类

金属幕墙的分类，见表 4.2。

表 4.2 金属幕墙的分类

序号	划分标准	类别
1	按材料分类	(1)单一材料板，为一种质地的材料，如钢板、铝板、铜板、不锈钢板等 (2)复合材料板，是由两种或两种以上质地的材料组成的，如铝合金板、搪瓷板、烤漆板、镀锌板、金属夹芯板等

续表

序号	划分标准	类别
2	按板面形状分类	金属幕墙按板面形状可分为光面平板、纹面平板、波纹弧、压型板、立体盒板等，如图：(a)光面平板；(b)纹面平板；(c)波纹板；(d)压型板；(e)立体盒板 (a)　(b)　(c)　(d)　(e)

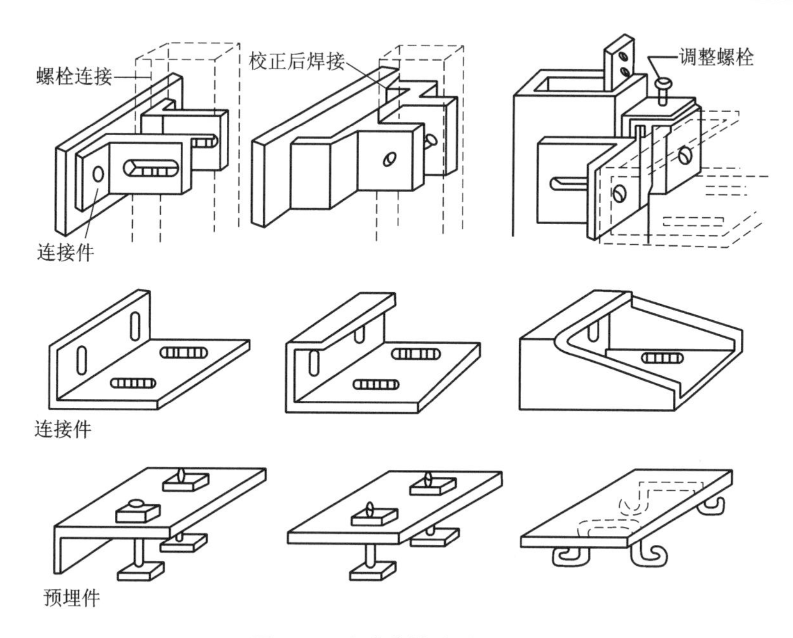

图 4.7　玻璃幕墙连接固定件

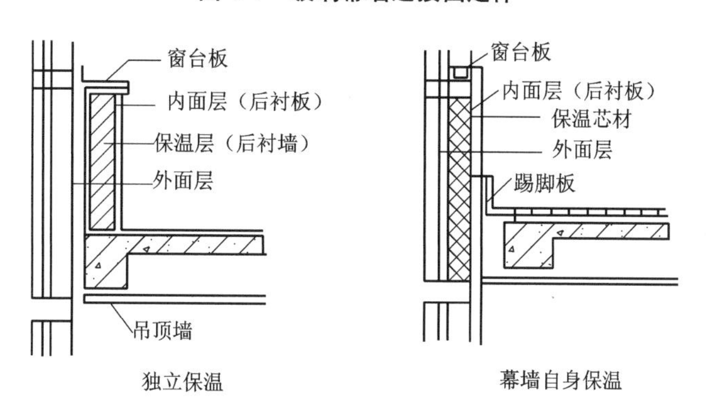

图 4.8　玻璃幕墙保温衬墙构造

4.1.3 幕墙的结构

1. 玻璃幕墙的结构体系

玻璃幕墙的结构指玻璃将自重、风荷载及其他荷载传给主体结构的受力系统。一般来说，玻璃固定在幕墙骨架上，其荷载通过骨架及连接固定件，最后传给主体，该体系称为有骨架体系。但也有一些特殊形式，例如有的玻璃自身即具有承受自重及其他荷载的能力，被称为“结构玻璃”，这种玻璃同时作为幕墙饰面和结构“骨架”，直接与固定件连接，将荷载传给主体结构，这种体系被称为无骨架体系。

(1)有骨架体系。有骨架体系主要受力构件是幕墙骨架。幕墙骨架可采用型钢，如工字型钢、角钢、槽型钢等，也可采用铝合金型材。型钢在外形上不如铝合金型材美观，常常需要进行外包装，如铝合金薄板饰面或刷漆处理等。目前采用较多的是铝合金型材幕墙骨架。

有骨架体系根据幕墙骨架与玻璃的连接构造方式，可分为明骨架(明框式)体系与暗骨架(隐框式)体系两种。明骨架(明框式)体系幕墙玻璃镶在金属骨架框格内，骨架外露。这种体系玻璃安装牢固，安全可靠。明骨架(明框式)体系又分为竖框式、横框式及框格式等几种形式，如图4.9所示。

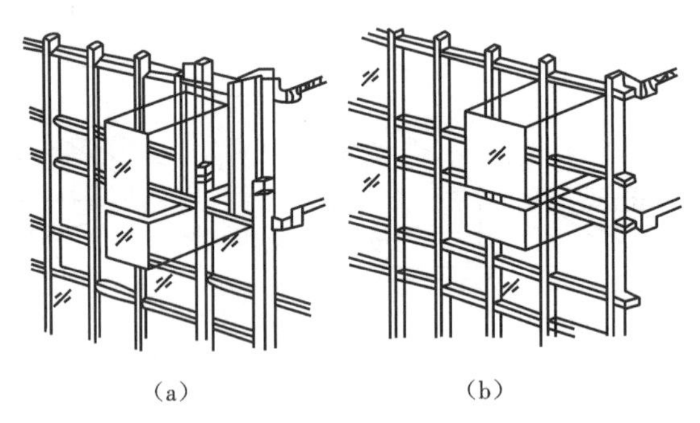

(a)　　　　　　(b)

图4.9　幕墙明骨架体系

(a)竖框式　(b)框格式

暗骨架(隐框式)体系(如图4.10所示)的幕墙玻璃是用胶黏剂直接粘贴在骨架外侧的。这种玻璃幕墙骨架不外露，装饰效果较好，但玻璃与骨架的粘贴技术要求高，处理不好将有玻璃下坠伤人的危险。因此，选择暗骨架(隐框式)玻璃幕墙应慎重考虑，在选材、制作及施工安装等各个环节要严格把关，否则，将会留下严重隐患。

(2)无骨架(无框式)体系(如图4.11所示)。无骨架(无框式)玻璃幕墙体系的主要受力构件也是该幕墙装饰面层构件本身——玻璃。该幕墙利用上下支架直接将玻璃固定在主体结构上，形成无遮挡的透明墙面。由于该幕墙玻璃面积较大，为加强自身刚度，每隔一定距离粘贴一条垂直的玻璃肋板，称为肋玻璃，面层玻璃则称为面玻璃。

2. 金属幕墙的结构体系

金属幕墙的饰面材料主要是折边或压型金属薄板，如单铝板、复合铝板、不锈钢板等。一般由金属面板、金属连接件、金属骨架、预埋件、密封材料等组成。根据金属幕墙的传力方式，共分为两种结构体系：一种是附着式体系；另一种是骨架式体系。

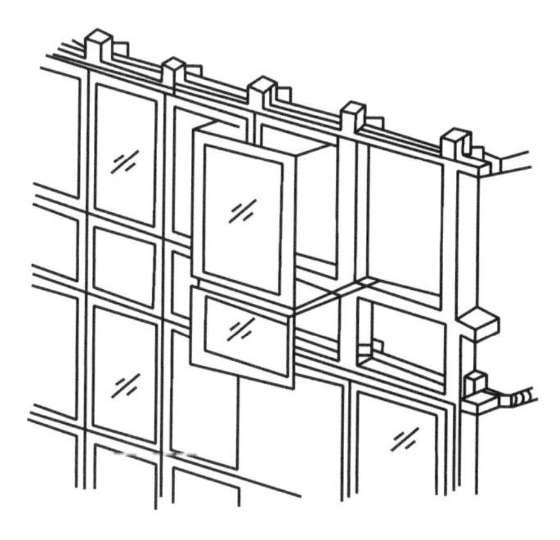

图 4.10　暗骨架(隐框式)体系

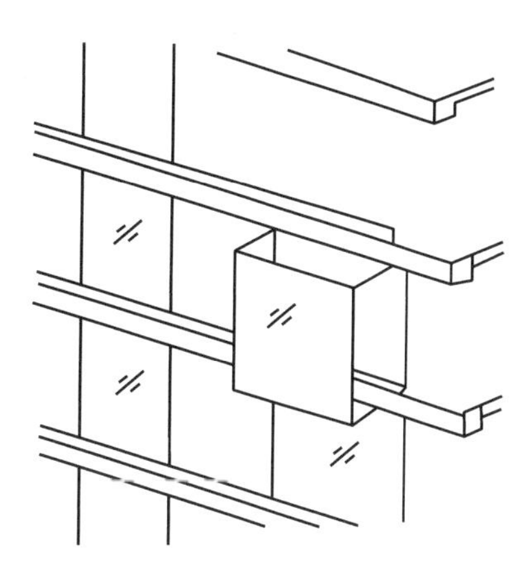

图 4.11　无骨架(无框式)体系

附着式体系是通过连接固定件,将金属薄板直接安装在主体结构上作为饰面。连接固定件一般采用角钢。骨架式体系金属幕墙基本上类似于隐框式玻璃幕墙,即通过骨架等支承体系,将金属薄板与主体结构连接。如图 4.12 所示。

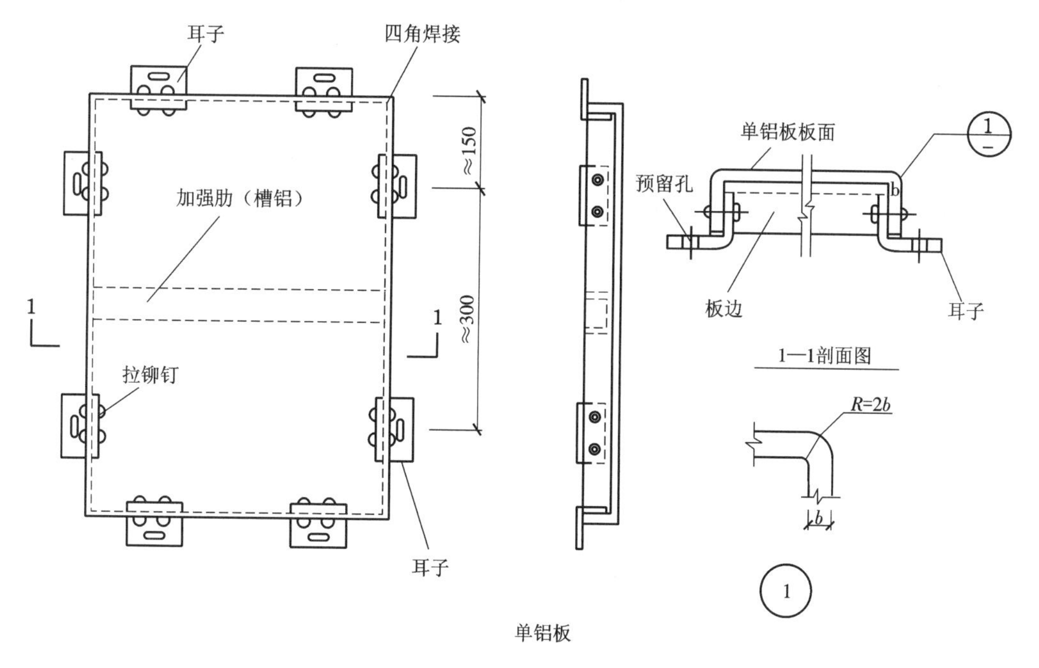

图 4.12　金属幕墙结构体系

3. 石材幕墙的结构体系

石材幕墙即采用金属构件将石材作为墙板固定在建筑主体结构上的装饰面。一般由石材面板、金属挂件、金属骨架、预埋件等组成。根据石材连接方式的不同,可以分为短槽式、钢销式、背栓式等石材幕墙。如图 4.13 所示。

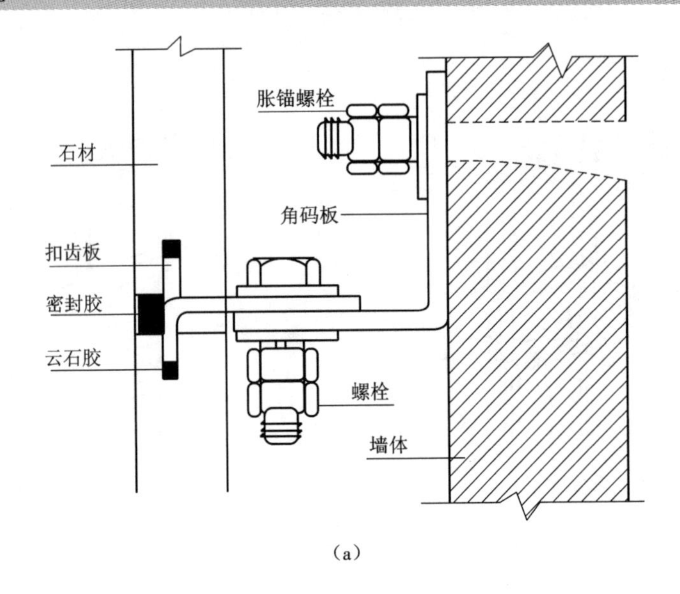

（a）

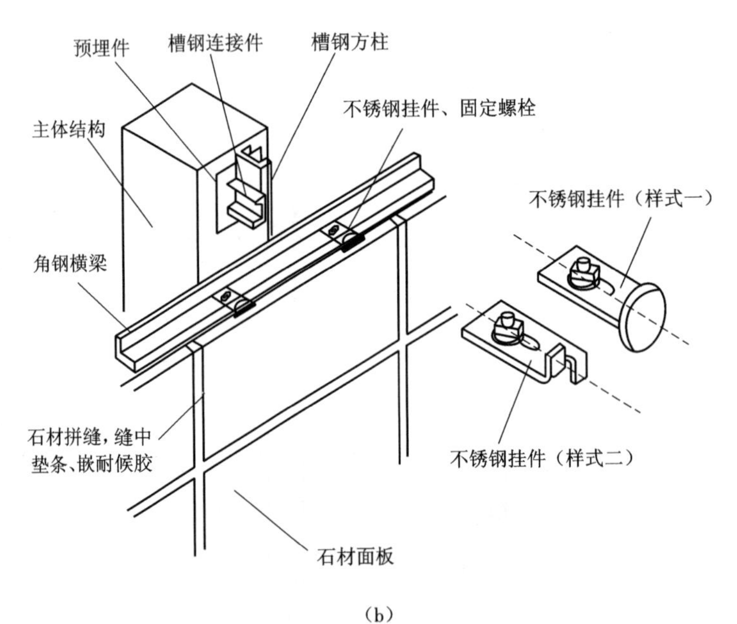

（b）

图 4. 13　各类石材幕墙构造

（a）短槽式石材幕墙构造（无骨架）（b）短槽式石材幕墙构造（有骨架）

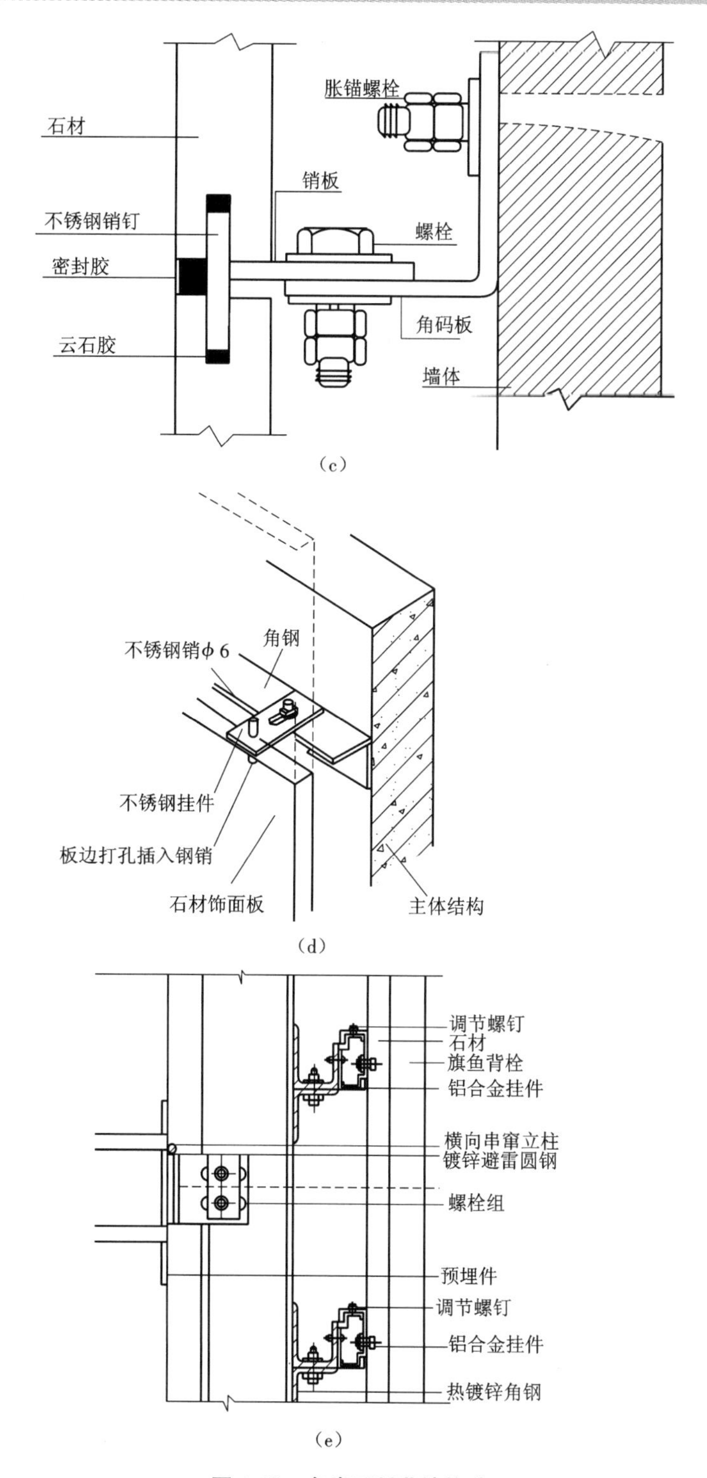

图4.13　各类石材幕墙构造

(c)钢销式石材幕墙构造(无骨架)　(d)钢销式石材幕墙构造(有骨架)　(e)背栓式石材幕墙构造

石材板幕墙是利用金属挂件将石材饰面板直接悬挂在主体结构上,它是一种独立的维护结构体系。石材幕墙干挂法构造可分为直接干挂式、骨架干挂式、单元干挂式和预制复合板干挂式等四类,前三类多用于混凝土结构基体,后者多用于钢结构工程。

4.1.4 玻璃幕墙的节点构造

玻璃幕墙的具体构造做法,是随着框架体系的不同、施工方法的不同以及各厂家定型产品系列的不同而不尽相同的,这里介绍一些常见做法。

1. 立面线型划分

玻璃幕墙立面线条的划分是由骨架或玻璃缝隙形成的,涉及幕墙的装饰效果和材料尺寸等问题。因此,立面既要符合审美要求,又须满足结构安全,而且还应考虑施工便利,在装饰设计及装饰构造设计中均应予以足够重视。

玻璃幕墙的划分与建筑物的层高、进深也有很大的关系,如每块定型单元的高度一般正好等于层高,这样也便于安装。板块式玻璃幕墙立面划分形式,如图 4.14 所示。分件式玻璃幕墙立面划分形式,如图 4.15 所示。

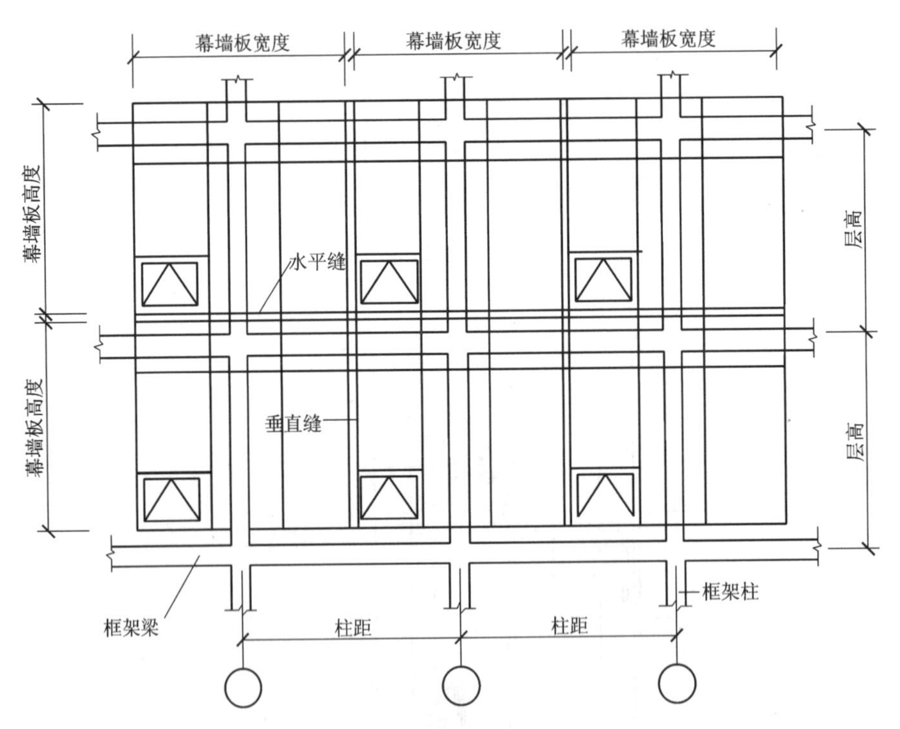

图 4.14 板块式玻璃幕墙立面划分形式

2. 玻璃与骨架连接节点构造

玻璃与骨架是两种不同的材料,二者直接连接很容易使玻璃破碎,因而必须在它们之间嵌固弹性材料和胶结材料,以保证玻璃安全,一般采用塑料垫块及密封带、密封胶等,而对于隐框

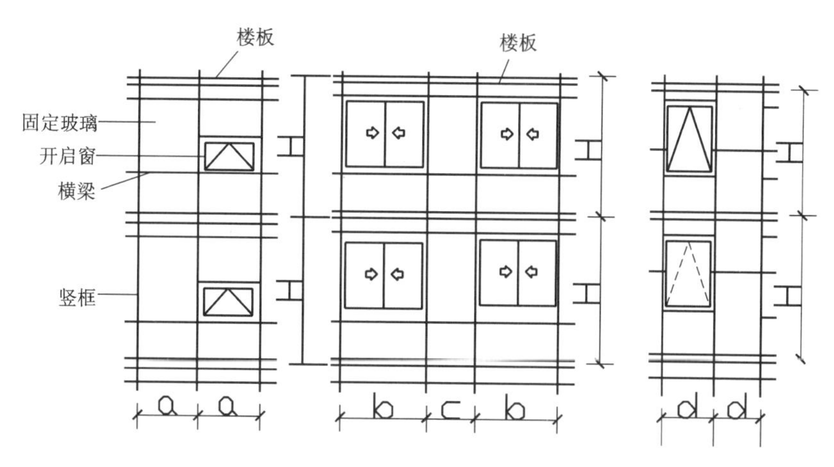

图4.15　分件式玻璃幕墙立面划分形式图

式玻璃幕墙，玻璃则是用结构胶与骨架粘贴固定的，如图4.16所示。

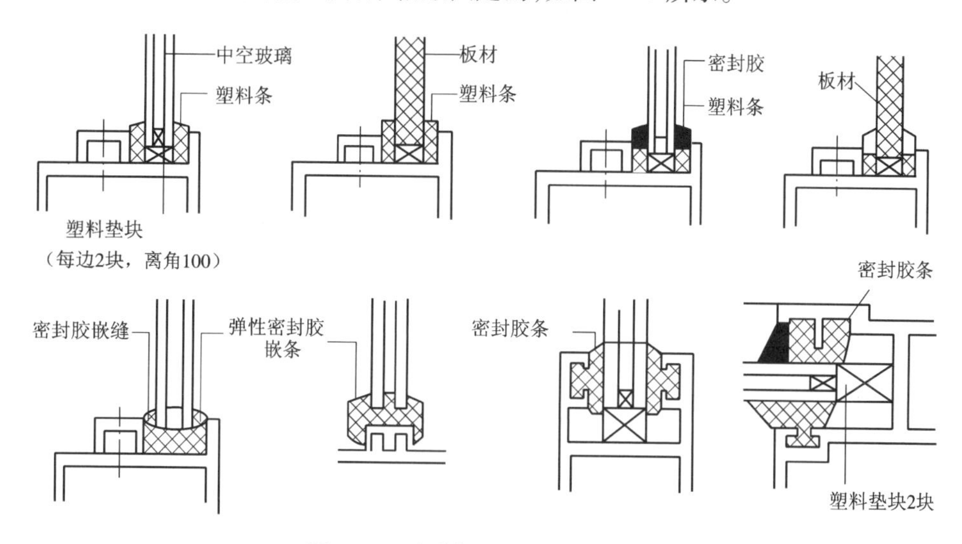

图4.16　玻璃与骨架的连接构造图

3. 骨架与骨架连接节点构造

玻璃幕墙一般分竖向和横向骨架。竖向骨架与横向骨架之间通常采用角形铝铸件进行连接，做法是将铸件与竖骨架、横骨架分别用自攻螺丝钉固定即可，如图4.17所示。较高的玻璃幕墙均有竖向杆件接长的问题，尤其是铝型材骨架，必须用连接件穿入薄壁铝型材中用螺栓拧紧。其典型的接长方式是将角钢焊成方管插入立柱腹中，然后用M12 mm×90 mm不锈钢螺栓固定。如图4.17所示。

4. 骨架与主体结构连接节点构造

骨架是通过连接件与主体结构连接在一起的（如图4.18）。竖骨架为主的幕墙，主骨架将与楼板连接；横骨架为主的幕墙，主骨架一般与柱子等竖向结构构件连接。连接在固定件上的

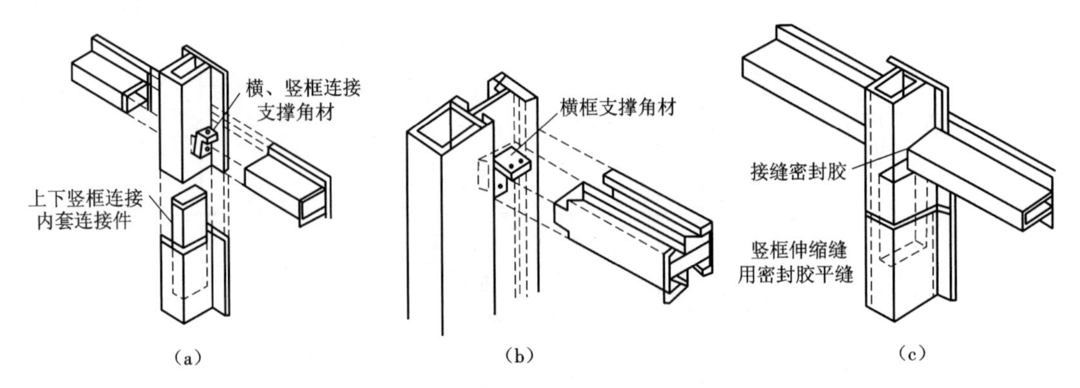

图 4.17　骨架与骨架连接节点构造图

(a)横框、竖框连接(一)　(b)横框、竖框连接(二)　(c)横框、竖框柔性连接外观

螺栓孔一般是长形孔,是用来调节幕墙变形的。

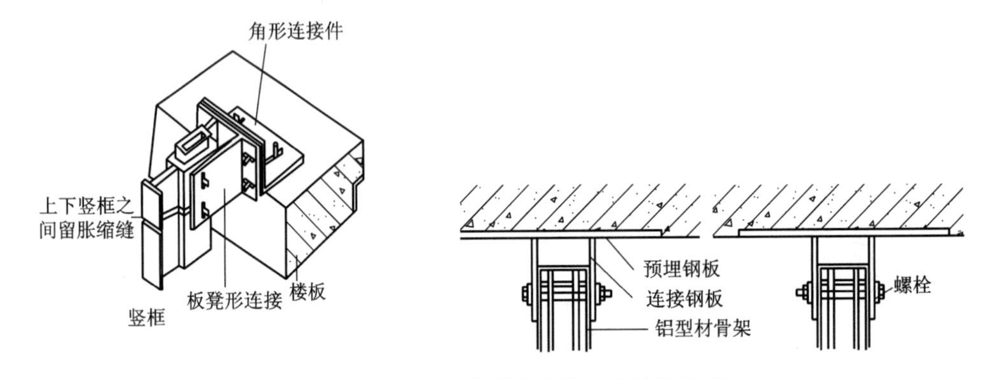

图 4.18　骨架与主体结构构件的连接构造图

5. 无骨架幕墙玻璃与主体结构的连接

无骨架幕墙的玻璃有以下三种固定方法。

第一种是用上部结构梁上悬吊下来的吊钩,将肋玻璃及面玻璃固定,这种方法多用于固定高度较大的单块玻璃,如图 4.19(a)所示。

第二种是采用金属支架连接边框料固定玻璃,如图 4.19(b)所示。

第三种是不用玻璃肋,而采用金属框来加强面玻璃的刚度,如图 4.19(c)所示。

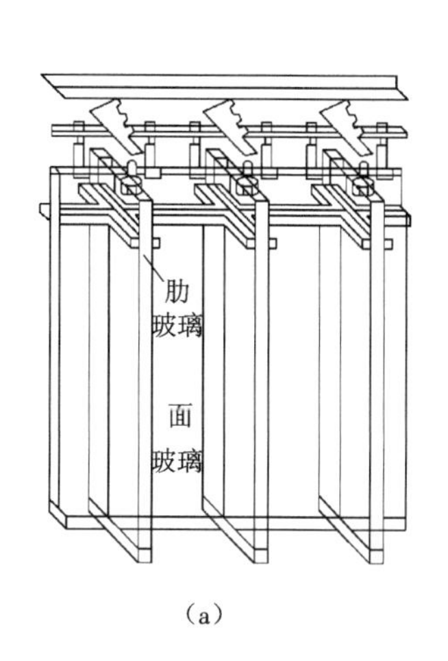

(a)

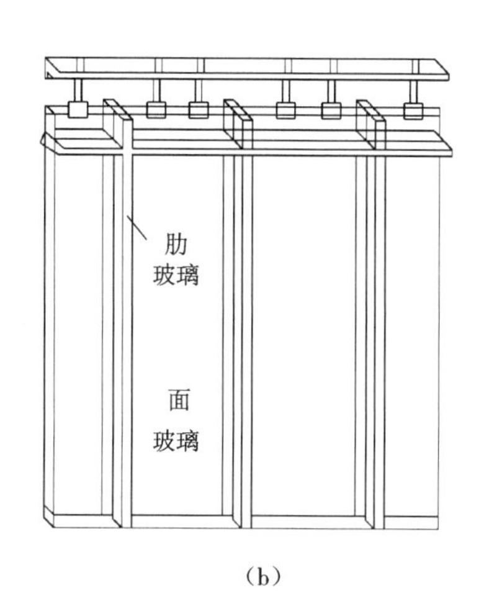

(b)

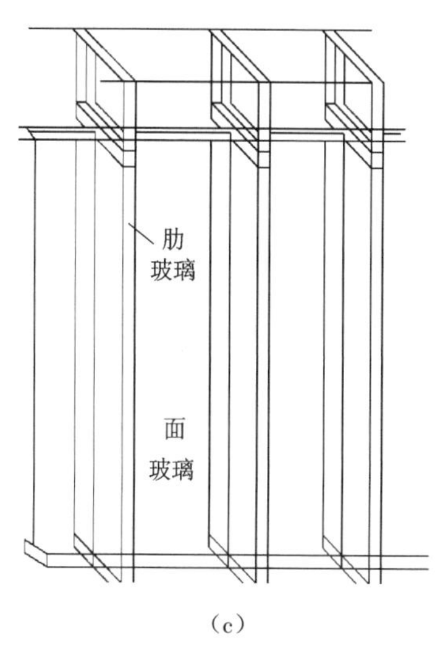

(c)

图 4.19　无骨架玻璃幕墙的构造示意图

(a)吊钩支承肋玻璃及面玻璃　(b)金属支架连接边框料固定玻璃　(c)金属框加强面玻璃

有骨架玻璃幕墙是常见的玻璃幕墙种类,如图 4.20 所示。

4.2　幕墙的装饰构造

4.2.1　玻璃幕墙的装饰构造

1. 全隐框玻璃幕墙

全隐框玻璃幕墙的构造是在铝合金构件组成的框格上固定玻璃框,玻璃框的上框挂在整个铝合金框格体系的横梁上,其余三边分别用不同方法固定在立柱及横梁上,如图 4.21 所示。

2. 半隐框玻璃幕墙

(1)竖隐横不隐玻璃幕墙。这种玻璃幕墙只有立柱隐在玻璃后面,玻璃安放在横梁的玻璃镶嵌槽内,镶嵌槽外加盖铝合金压板,盖在玻璃外面,如图 4.22 所示。

(2)横隐竖不隐玻璃幕墙。竖边用铝合金压板固定在立柱的玻璃镶嵌槽内,形成从上到下整片玻璃由立柱压板分隔成长条形的画面,如图 4.23 所示。

(3)挂架式玻璃幕墙。挂架式玻璃幕墙基本构造,如图 4.24 所示。

4.2.2　金属幕墙的装饰构造

骨架式金属幕墙是较为常见的。其基本构造是将幕墙骨架(如铝合金型材等)固定在主体楼板、梁或柱等结构上,固定方法与玻璃幕墙骨架相同,然后将金属薄板通过连接固定件固定在骨架上,也可以将金属薄板先固定在框格型材上,形成框板,再按照玻璃幕墙的安装方式,将框板固定在主骨架型材上。这种金属幕墙构造可以与隐框式玻璃幕墙结合使用,协调好金

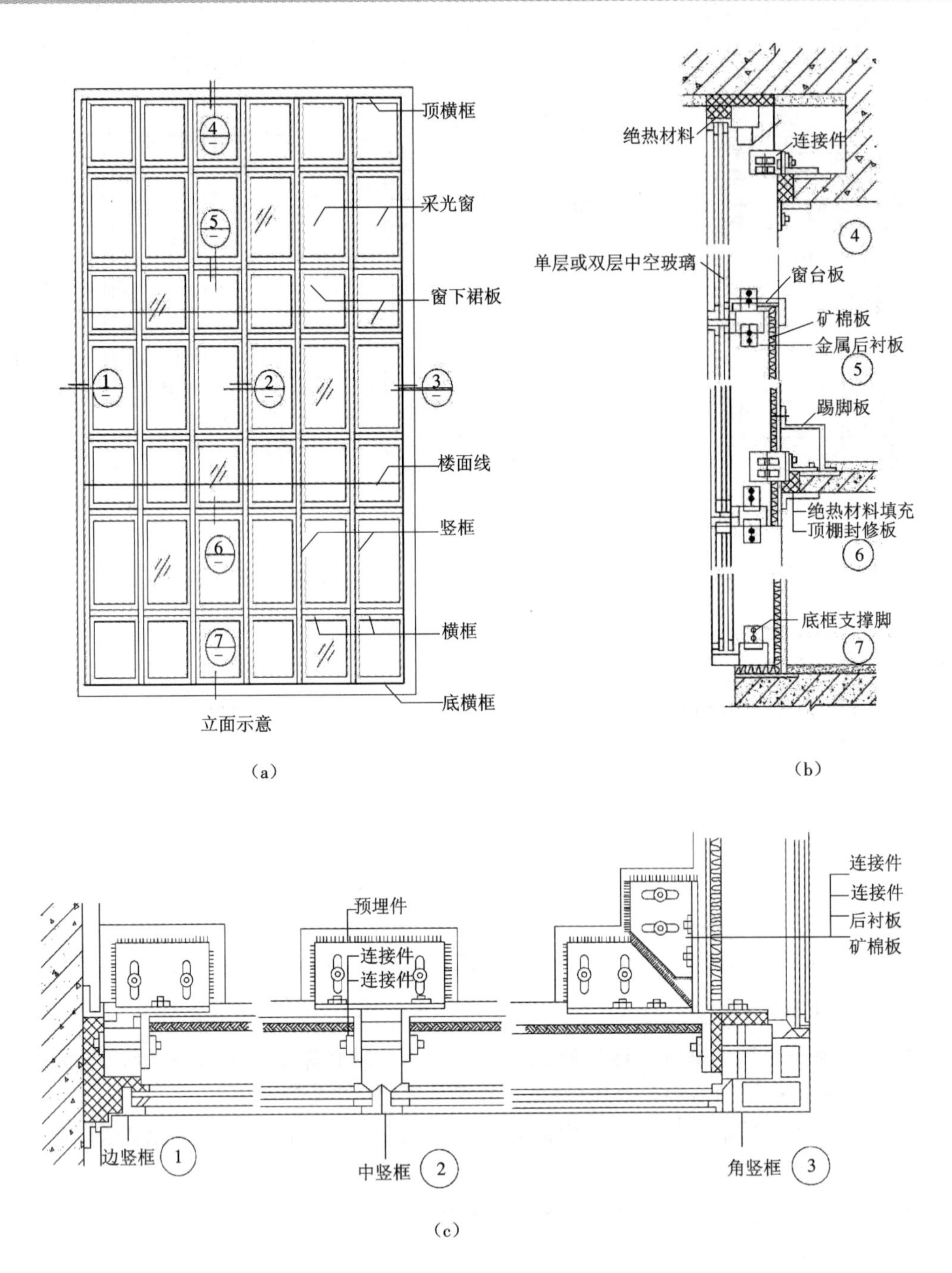

图4.20 框格式玻璃幕墙装饰构造示意图

(a)立面图 (b)剖面图 (c)平面图

属薄板和玻璃的色彩,并统一划分立面,即可得到较为理想的装饰效果。如图4.25所示。

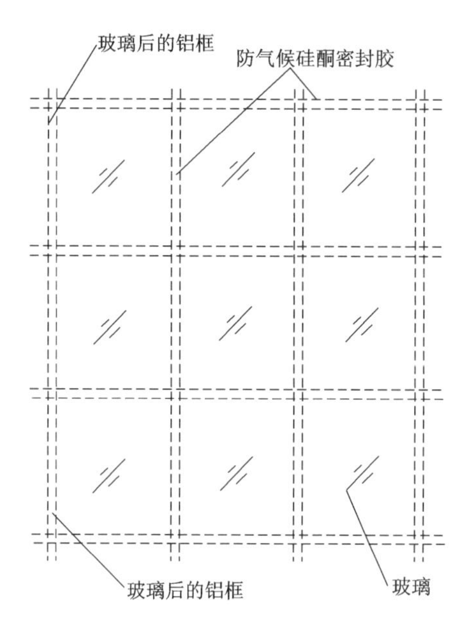

图4.21　全隐框玻璃幕墙

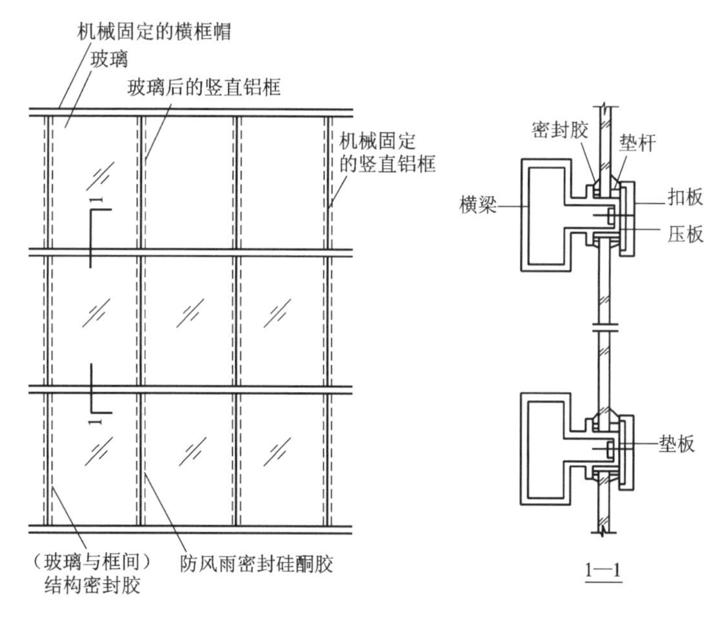

图4.22　竖隐横不隐玻璃幕墙基本构造

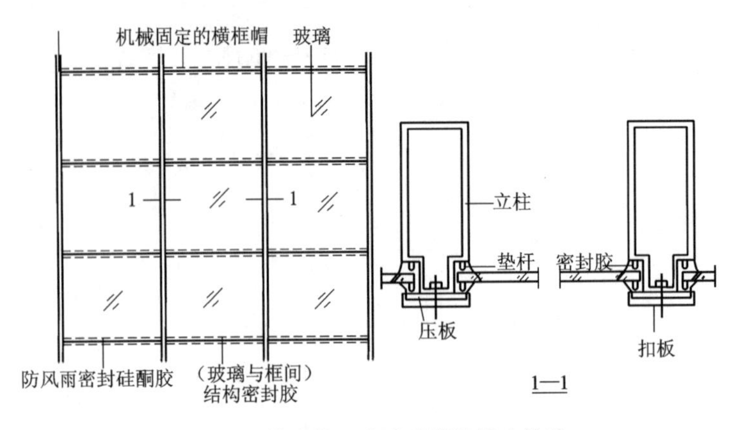

图 4.23　横隐竖不隐玻璃幕墙基本构造

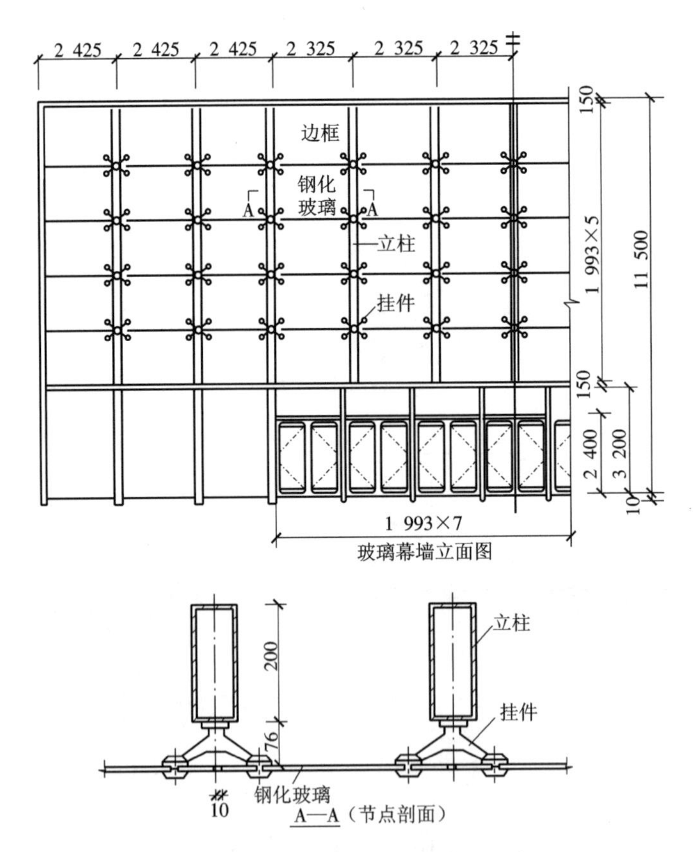

图 4.24　挂架式玻璃幕墙基本构造

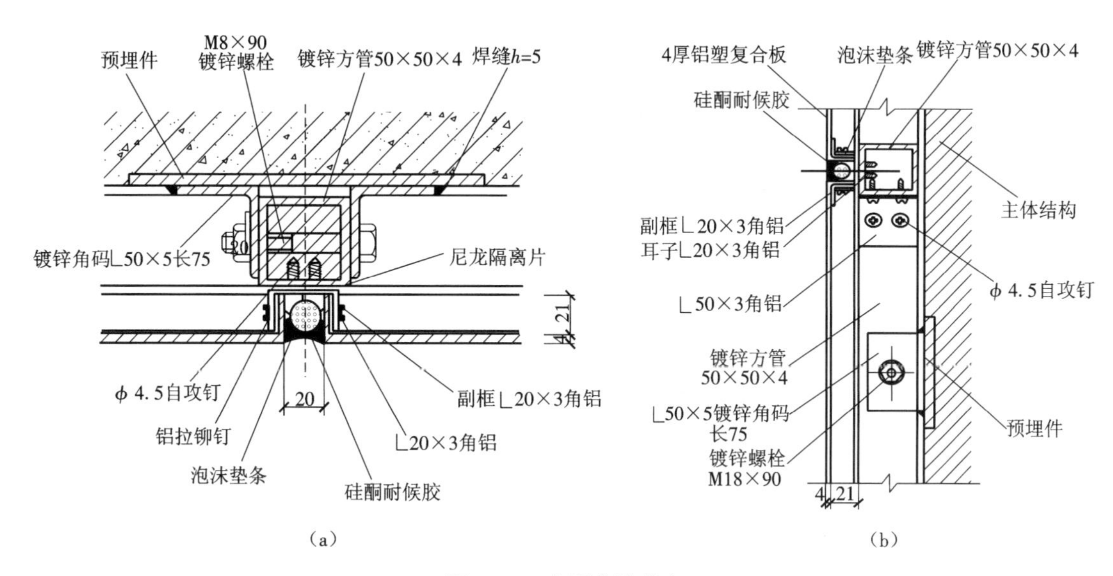

图4.25　金属幕墙节点

(a)横向剖面　(b)竖向剖面

4.3　幕墙安装施工工艺

4.3.1　隐框式玻璃幕墙安装施工工艺

1. 施工准备

对主体结构的质量(如垂直度、水平度、平整度及预留孔洞、埋件等)进行检查,做好记录,如有问题应提前进行剔凿处理。根据检查的结果,调整幕墙与主体结构的间隔距离。

2. 施工步骤

施工准备→测量放线→立柱、横梁的安装→玻璃组件的安装→玻璃组件间的密封及周边收口处理→清理。

3. 施工要点

(1)测量放线。

①确定立面分格定位线。依靠立面控制网测出各楼层每转角的实际与理论数据,并准确做好记录,再与施工图图标尺寸相对照,即可得出实际与理论的偏差数值。同时,以幕墙立面分格图为依据,用钢卷尺测量,对各个立面进行排版分格并用墨线标志。

②建立幕墙立面控制线。将立面控制网平移至施工所在立面外墙,由此可以统一确定各楼层的墙面位置并作上标记,各层立面以此标记为分辨率,并用钢丝连线确定立面位置,立柱型材即可以以立面位置为准进行安装。

③确立水平基准线。以±0.000基准点为依据,用长卷尺测出各层的标高线,再用水平仪

在同一层抄平，并做出标记，利用此标记即可控制埋件及立柱的安装水平度。

(2)立柱、横梁的安装。立柱先与连接件连接，然后连接件再与主体结构埋件连接，立柱安装就位、调整后应及时紧固。横梁(即次龙骨)两端的连接件及弹性橡胶垫，要求安装牢固，接缝严密，并应准确安装在立柱的预定位置。同一楼层横梁应由上而下安装，安装完一层时应及时检查、调整、固定。

①立柱常用的固定方法有两种：一种是将骨架立柱型钢连接件与预埋铁件依弹线位置焊牢；另一种是将立柱型钢连接件与主体结构上的膨胀螺栓锚固。

采用焊接固定时，焊缝高度不小于7 mm，焊接质量应符合现行国家标准《钢结构工程施工质量验收规范》(GB 50205—2001)的有关规定。焊接完毕后应进行二次复核。相邻两根立柱安装标高偏差不应大于3 mm；同层立柱的最大柱高偏差不应大于5 mm；相邻两根立柱固定点的距离偏差不应大于2 mm。采用膨胀螺栓锚固时，连接角钢与立柱连接的螺孔中心线的位置应达到规定要求，最后拧紧螺栓，连接件与立柱间应有绝缘垫片。

立柱与连接件(支座)接触面之间必须加防腐隔离柔性垫片。上下立柱之间应留有不小于15 mm的缝隙，闭口型材可采用长度不小于250 mm的芯柱连接，芯柱与立柱应紧密配合。立柱安装牢固后，必须取掉上下两立柱之间用于定位伸缩缝的标准块，并在伸缩缝处扣密封胶。

②横梁型材在安装时，如果是型钢，可以焊接，也可以用螺栓连接。焊接时，因幕墙面积较大、焊点多，要排定一个焊接顺序，防止幕墙骨架的热变形。固定横梁的另一种办法是用一穿插件将横梁穿在穿插件上，然后将横梁两端与穿插件固定，并保证横梁、立柱间有一个微小间隙，便于温度变化伸缩。穿插件用螺栓与立柱固定。

同一根横梁两端或相邻两根横梁的水平标高偏差不应大于1 mm。同层水平标高偏差：当一幅幕墙宽度不大于35 m时，不应大于5 mm；当一幅幕墙宽度大于35 m时，不应大于7 mm。横梁的水平标高应与立柱的嵌玻璃凹槽一致，其表面高低差不大于1 mm。

(3)玻璃组件的安装。安装玻璃组件前，要对组件结构进行认真的检查，结构胶固化后的尺寸要符合设计要求，同时要求胶缝饱满平整、连续光滑，玻璃表面不应有超标准的损伤及脏物。玻璃组件的安装方法如下。

①在玻璃组件放置到主梁框架后，在固定件焊定前要逐块调整好组件，使其相互间齐平及间隙一致。

②板间表面的齐平，采用刚性的直尺或铝方通料来进行测定，不平整的部分应调整固定块的位置或加入垫块。

③板间间隙的一致，可采用半硬材料制成标准尺寸的模块插入两板间的间隙，确保间隙一致。

④在组件焊定后取走插入的模块，以保证板间有足够的位移空间。

⑤在幕墙整幅沿高度或宽度方向尺寸较大时，注意安装过程中的积累误差，适时进行调整。

(4)玻璃组件间的密封及周边收口处理。玻璃组件间的密封是确保隐框幕墙密封性能的关键，密封胶表面处理是隐框幕墙外观质量的主要衡量标准。必须正确放置好组件位置，防止密封胶污染玻璃。逐层实施组件间的密封工序前，检查衬垫材料的尺寸是否符合设计要求。

4. 表面处理

要密封的部位必须进行表面清理工作。先要清除表面的积灰，然后用挥发性能强的溶剂擦除表面的油污等脏物，最后用干净布再清理一遍，保证表面清理干净。

4.3.2　半隐框式玻璃幕墙安装施工工艺

1. 施工准备

半隐框式玻璃幕墙安装施工的施工准备与隐框式玻璃幕墙安装施工的施工准备相同。

2. 施工步骤

测量放线→立柱、横梁装配→楼层紧固件安装→安装立柱并抄平、调整→安装横梁→安装保温镀锌钢板→安装层间保温矿棉→安装楼层封闭镀锌板→安装单层玻璃窗密封条、卡→安装单层玻璃→安装双层中空玻璃密封条、卡→安装双层中空玻璃→安装侧压力板→镶嵌密封条→安装玻璃幕墙铝盖条→清理。

3. 施工要点

(1)测量放线。对主体结构的垂直度、水平度、平整度及预留孔洞、埋件等进行检查，做好记录。如有问题应提前进行剔凿处理。根据检查的结果，调整幕墙与主体结构的间隔距离。校核建筑物的轴线和标高，依据幕墙设计施工图纸，弹出玻璃幕墙安装位置线。

(2)立柱、横梁的装配。安装前应装配好立柱紧固件之间的连接件、横梁的连接件，安装镀锌钢板、立柱之间接头的内套管、外套管以及防水胶等，然后装配好横梁与立柱连接的配件及密封橡胶垫等。

(3)立柱安装。立柱先与连接件连接，然后连接件与主体预埋件进行预安装，自检合格后需报质检人员进行抽检，抽检合格后方可正式连接。立柱的安装施工要点同前述隐框式玻璃幕墙安装施工中立柱的安装施工要点。

(4)横梁安装。横梁安装施工要点同前述隐框式玻璃幕墙安装施工中横梁杆件型材的安装施工要点。

(5)幕墙其他主要附件安装。有热工要求的幕墙，保温部分宜从内向外安装。当采用内衬板时，四周应套装弹性橡胶密封条，内衬板与构件接缝应严密；内衬板就位后，应进行密封处理。固定防火保温材料应锚钉牢固，防火保温层应平整，拼接处不应留缝隙。冷凝水排出管及附件应与水平构件预留孔连接严密，与内衬板出水孔连接处应设橡胶密封条。其他通气留槽孔及雨水排出口等应按设计施工，不得遗漏。

(6)玻璃安装。由于骨架结构的类型不同，玻璃固定方法也有差异。型钢骨架，因型钢没有镶嵌玻璃的凹槽，一般要将玻璃安装在铝合金窗框上，而后再将窗框与型钢骨架连接。铝合金型材骨架在生产成型的过程中，已将玻璃固定的凹槽同整个截面一次挤压成型，所以其玻璃安装工艺与铝合金窗框安装一样。立柱安装玻璃时，先在内侧安上铝合金压条，然后将玻璃放入凹槽内，再用密封材料密封。横梁装配玻璃与立柱在构造上不同，横梁支承玻璃的部分呈倾斜，要排除因密封不严流入凹槽内的雨水，外侧须用一条盖板封住。

4. 表面处理

半隐框式玻璃幕墙安装施工的表面处理与隐框式玻璃幕墙安装施工的表面处理相同。

4.3.3 挂架式玻璃幕墙安装施工工艺

1. 施工准备

1)材料准备

工程所用的材料应符合国家现行产品标准的规定,应有出厂合格证和性能检测报告,其物理力学性能和耐候性能应符合设计要求。框架式幕墙必须使用安全玻璃,其品种、规格、颜色和力学、机械、光学性能应符合设计要求;中空玻璃应采用双道密封胶,及符合设计要求和质量的挂件。

2)工具设备

双头锯、铣床、钻床、空压机、手电钻、冲击电锤、电焊机、角磨机、射钉枪、拉铆钳、吸盘、胶枪、钳子、各种扳手、螺丝刀、经纬仪、激光铅直仪、水准仪、钢尺、水平尺、靠尺、塞尺、线坠等。

2. 施工步骤

测量放线→安装上部承重钢结构→安装上部和侧边边框→安装玻璃→玻璃密封→清理。

3. 施工要点

(1)测量放线。幕墙定位轴线的测量放线必须与主体结构的主轴线平行或垂直,其误差应及时调整,不得积累,以免幕墙施工和室内外装饰施工发生矛盾,造成阴、阳角不方正和装饰面不平行等缺陷。

(2)安装上部承重钢结构。上部承重钢结构安装时,应注意检查预埋件或锚固钢板的牢固性,选用的锚栓质量要可靠,锚栓位置不宜靠近钢筋混凝土构件的边缘,钻孔孔径和深度要符合锚栓厂家的技术规定。每个构件安装位置和高度都应严格按照放线定位和设计图纸要求进行。内金属扣夹安装必须通顺平直。要分段拉通线校核,对焊接造成的偏位要进行调直。外金属扣夹要按编号对号入座试拼装,同样要求平直。内外金属扣夹的间距应均匀一致,尺寸符合设计要求。所有钢结构焊接完毕后,应进行防腐处理。

(3)安装上部和侧边边框。安装时,要严格按照放线定位和设计标高施工,所有钢结构表面和焊缝刷防锈漆。将下部边框内的灰土清理干净,在每块玻璃的下部都要放置不少于两块氯丁橡胶垫块,垫块宽度同槽口宽度,长度不应小于 100 mm。

(4)安装玻璃。采用吊架自上而下地安装玻璃,并用挂件固定。安装前,应清洁镶嵌槽;中途暂停施工时,应对槽口采取保护措施。安装过程中,应随时检测和调整面板、玻璃肋的水平度和垂直度,使墙面安装平整。每块玻璃的吊夹应位于同一平面,吊夹的受力应均匀。玻璃两边嵌入槽口深度及预留空隙应符合设计要求,左右空隙尺寸宜相同。玻璃宜采用机械吸盘安装,并应采取必要的安全措施。

4. 表面处理

用硅胶进行玻璃之间的缝隙密封处理,及时清理余胶。

4.3.4　金属幕墙安装施工工艺

1. 施工准备

施工前,应详细核查施工图纸和现场实测尺寸,以确保设计加工的完善性,同时认真与结构图纸及其他专业图纸进行核对,以及时发现其不相符部位,尽早采取有效措施修正。另外,应及时搭设脚手架或安装吊篮,并将金属板及配件用塔吊、外用电梯等垂直运输设备运至各施工面层上。

2. 施工步骤

放线→安装连接件→安装骨架→安装金属板→板缝处理→伸缩缝隙处理→幕墙收口处理→板面清理。

3. 施工要点

(1)安装预埋件。安装预埋件前要熟悉图纸上幕墙的分格尺寸。根据工程实际定位轴线定位点后,应复核精度,如误差超过规范要求,应与设计师协商解决。水平分割前应对误差进行分摊,误差在每个分格间分摊值不大于2 mm,否则应书面通知设计师。为防止预埋件在浇捣混凝土过程中移位,对预埋件应采用拉、撑、焊接等措施进行加固。

混凝土拆模板后,应找出预埋件。如有超过要求的偏位,应书面通知设计师,采取补救措施;对未镀锌的预埋件暴露在空气中部分要进行防腐处理。

(2)测量放线。由土建单位提供基准线(50 cm线)及轴线控制点;复测所有预埋件的位置尺寸;根据基准线在底层确定墙的水平宽度和出入尺寸;经纬仪向上引数条垂线,以确定幕墙转角位置和立面尺寸。根据轴线和中线确定一立面的中线;测量放线时应控制分配误差,不使误差积累;测量放线应在风力不大于4级情况下进行;放线后应定时校核,以保证幕墙垂直度及立柱位置的正确性。

(3)立柱安装。立柱安装标高偏差不应大于3 mm,轴线前后偏差不应大于2 mm,左右偏差不应大于3 mm,相邻两根立柱安装标高偏差不应大于3 mm,同层立柱的最大标高偏差不应大于5 mm,相邻两根立柱的距离偏差不应大于2 mm。

(4)横梁安装。应将横梁两端的连接件及垫片安装在立柱的预定位置,并应安装牢固,其接缝应严密。相邻两根横梁的水平标高偏差不应大于1 mm。同层标高偏差:当一幅幕墙宽度小于或等于35 m时,不应大于5 mm;当一幅幕墙宽度大于35 m时,不应大于7 mm。

(5)幕墙防火、防雷。幕墙防火应采用优质防火棉,抗火期要达到设计要求。防火棉用镀锌钢板固定,应使防火棉连续地密封于楼板与金属板之间的空位上,形成一道防火带,中间不得有空隙。

幕墙设计上应考虑使整片幕墙框架具有连续而有效的电传导性,并可按设计要求提供足够的防雷保护接合端。一般要求防雷系统直接接地,不与供电系统合用接地地线。

(6)金属板安装。将分放好的金属板分送至各楼层适当位置。检查铝(钢)框对角线及平整度,并用清洁剂将金属板靠室内一侧及铝合金(型钢)框表面清洁干净。按施工图将金属板放置在铝合金(型钢)框架上,将金属板用螺栓与铝合金(型钢)骨架固定。金属板与板之间的间隙应符合设计要求，一般为 10 ~ 20 mm，用密封胶或橡胶条等弹性材料封堵，在垂直接缝内放置衬垫棒。

(7)注胶密封及清理。填充硅酮耐候密封胶时，需先将该部位基材表面用清洁剂清洗干净，密封胶须注满，不能有空隙或气泡。清洁中所使用的清洁剂应对金属板、铝合金(钢)型材等材料无任何腐蚀作用。

4. 表面处理

板面清理，清除板面护胶纸，用浸泡过中性溶剂(5% 水溶液)的湿纱布将污物等擦去，然后再用干纱布擦干净。清扫灰浆，胶带残留物时，可使用竹铲、合成树脂铲等仔细刮去。

4.3.5 石材幕墙安装施工工艺

1. 施工准备

施工前应熟悉工程概况，对工地的环境、安全因素、危险源进行识别、评价。掌握工地施工用水源、道路、运输(包括垂直运输)、外脚手架等情况；进行图纸会审，并对管理人员、工人班组进行图纸、施工组织设计、质量、安全、环保、文明施工、施工技术交底，并做好记录。

2. 施工步骤

测量放线→安装金属骨架→安装防火材料→安装石材板→处理板缝→清理板面。

3. 施工要点

(1)安装预埋件。安装预埋件前都要熟悉图纸上幕墙的分格尺寸。工程实际定位轴线定位点后，应复核精度，误差不得超过规范要求。水平分割前对误差进行分摊，误差在每个分格间分摊值不大于 2 mm。为防止预埋件在浇捣混凝土过程中移位，对预埋件应采用拉、撑、焊接等措施进行加固。混凝土拆除模板后，应找出预埋件。对未镀锌的预埋件暴露在空气中部分要进行防腐处理。

(2)测量放线。由于幕墙施工要求精度很高，所以不能依靠土建水平基准线，必须由基准轴线和水准点重新测量复核。测量时，应按照设计在底层确定幕墙定位线和分格线位置。用经纬仪或激光垂直仪将幕墙阳角和阴角线引出，并用固定在钢支架上的钢丝线作标志控制线。使用水平仪和标准钢卷尺等引出各层标高线，并确定好每个立面的中线。测量时还应控制分配测量误差，不能使误差积累，在风力不大于 4 级情况下进行，并要采取避风措施。放线定位后要列控制线定时校核，以确保幕墙垂直度和金属立柱位置的正确。所有外立面装饰工程应统一放基准线，并注意施工配合。

(3)金属骨架安装。安装时，应根据施工放样图检查放线位置，并安装固定竖框的铁件。先安装同立面两端的竖框，然后拉通线顺序安装中间竖框。将各施工水平控制线引至竖框上，并用水平尺校核。按照设计尺寸安装金属横梁。横梁一定要与竖框垂直。如有焊接时，应对下方和邻近的已完工装饰面进行成品保护。焊接时要采用对称焊，以减少因焊接产生的变形。检查焊缝质量合格后，所有的焊点、焊缝均需做去焊渣及防锈处理，如刷防锈漆等。

(4)防火保温材料安装。石材幕墙防火保温必须采用合格的材料，即要求有出厂合格证。材料安装时，在每层楼板与石板幕墙之间不能有空隙，应用镀锌钢板和防火棉形成防火带。在北方寒冷地区，保温层最好应有防水、防潮保护层，在金属骨架内填塞固定，要求严密牢固。

(5)石材饰面板安装。先按幕墙面基准线仔细安装好底层第一层石材；注意安放每层金属挂件的标高，金属挂件应紧托上层饰面板，而与下层饰面板之间留有间隙；安装时，要在饰面板的销钉孔或切槽口内注入石材胶（环氧树脂胶），以保证饰面板与挂件的可靠连接；应先完成门窗洞口四周的石材镶边，以免安装发生困难；安装到每一楼层标高时，要注意调整垂直误差，不积累；在搬运石材时，要有安全防护措施，摆放时下面要垫木方。

(6)嵌胶封缝。石材板间的胶缝是石板幕墙的第一道防水措施，同时也使石板幕墙形成一个整体。嵌胶封缝施工前，应按设计要求选用合格且未过期的耐候嵌缝胶。最好选用含硅油少的石材专用嵌缝胶，以免硅油渗透，污染石材表面。施工时，用带有凸头的刮板填装泡沫塑料圆条，保证胶缝的最小深度和均匀性。选用的泡沫塑料圆条直径应稍大于缝宽。

4. 表面处理

在胶缝两侧粘贴纸面胶带，以避免嵌缝胶迹污染石材板表面质量。用专用清洁剂或草酸擦洗缝隙处石材板表面。注胶应均匀不流淌，边打胶边用专用工具勾缝，使嵌缝胶成型后呈微弧形凹面。施工中要注意不能有漏胶污染墙面，如墙面上沾有胶液，应立即擦去，并用清洁剂及时擦净余胶。

4.4　外墙面装修施工的质量通病

4.4.1　防火系统不规范

防火系统不规范主要表现有：楼层上下面未用不燃材料封闭；防火材料敷设缝隙未密封；幕墙四周与主体结构之间的缝隙，未采用防火保温材料填塞，形成垂直通道。

防火系统不规范主要控制方法：防火层与幕墙和主体结构间的缝隙，应用防火密封胶封闭；加强技术交底和工序间检查与隐蔽验收。

4.4.2　幕墙渗漏

幕墙渗漏主要表现有：四周幕墙与主体结构间渗漏；幕墙在开启门窗处渗漏；幕墙接缝处渗漏；室内冷凝水无法排出。

幕墙渗漏有以下几种控制方法。

(1)四周幕墙与主体结构间的缝隙，应用防水保温材料堵实，内外表面用密封胶连续封闭，保证接缝严密不漏水。

(2)在开启部位和幕墙压顶及周边等构造复杂、易渗漏部位施工时，应加强检查，发现密封不良、材料性能达不到要求时，应及时整改或更换。

(3)幕墙在安装前应做抗风压、抗空气渗透、抗雨水渗漏性能试验，试验结果达到设计规定方能进行安装。安装过程中，应分层进行抗雨水渗漏性能的淋水试验，及时发现并调整、解决渗漏。

(4)组装时应注意各连接处连接严密，防止有阻水现象，以保持内排水系统畅通。

(5)冷凝水排出管及附件与水平构件预留孔连接应严密,与内衬板出水孔连接处应设橡胶密封条。

4.5　幕墙装修施工的质量要求及安全控制

4.5.1　玻璃幕墙安装施工质量要求

1.幕墙的横向、竖向板材安装允许偏差

幕墙的横向、竖向板材安装允许偏差应符合表4.3的规定。

表4.3　幕墙的横向、竖向板材安装允许偏差

序号	项　目	尺寸范围	允许偏差(mm)	检查方法
1	相邻两竖向板材间距尺寸(固定端头)		±2.0	钢卷尺
	两块相邻的玻璃		±1.5	
2	两块横向板的间距尺寸	间距≤2 000 mm	±1.5	塞尺
		间距>2 000 mm	±2.0	
3	分格对角线差	对角线长≤2 000 mm	3.0	钢卷尺或伸缩尺
		对角线长>2 000 mm	3.5	
4	相邻两端向板材的水平高差		≤2.0	钢卷尺或水平尺
5	横向板材水平度	构件长≤2 000 mm	≤2.0	水平仪或水平尺
		构件长>2 000 mm	≤2.0	
6	竖向板材直线度		2.5	靠尺
7	玻璃下连接托板水平夹角允许向上倾斜,不准向下倾斜		+2.0° 0°	塞尺
8	玻璃上连接托板水平夹角允许向下倾斜		0° -2.0°	

2.幕墙安装施工允许偏差

幕墙安装允许偏差应符合表4.4要求。

表4.4　幕墙安装允许偏差

项　目		允许偏差(mm)	检查方法
竖缝、墙面垂直度	幕墙高度(m)	≤10.0	激光经伟仪或经纬仪
	$H\leqslant30$		
	$30<H\leqslant60$	≤15.0	
	$60<H\leqslant90$	≤20.0	
	$H>90$	≤25.0	
幕墙平面度		≤2.5	2 m 靠尺、钢板尺
竖缝、直线度		2.5	2 m 靠尺、钢板尺
横缝直线度		2.5	2 m 靠尺、钢板尺
缝宽度(与设计值比较)		±2.0	卡尺
两相邻面板之间接缝高低差		≤1.0	深度尺

3. 单元幕墙安装允许偏差

单元幕墙安装允许偏差除符合表4.4的要求外,尚应符合表4.5要求。

表4.5　单元幕墙安装允许偏差

序　号	项　目		允许偏差(mm)	检查方法
1	同层单元组件标高	宽度≤35 m	≤3.0	(激光)经纬仪
		宽度>35 m	≤5.0	
2	相邻两组件面板表面高低差		≤1.0	深度尺
3	两组件对插件接缝搭接长度(与设计值比)		±1.0	卡　尺
4	两组件对插件距槽底距离(与设计值比)		±1.0	卡　尺

4.5.2　金属幕墙安装施工质量要求

金属幕墙工程主控项目、一般项目的检验方法见表4.6、表4.7。每平方米金属板的表面质量要求和检验方法应符合表4.8的要求,金属幕墙安装的允许偏差和检验方法应符合表4.9的要求。

表4.6　金属幕墙工程主控项目及检验方法

项次	项目内容	检验方法
1	金属幕墙工程所使用的各种材料和配件,应符合设计要求及国家现行产品标准和工程技术规范规定	检查产品合格证书、性能检测报告、材料进场验收记录和复验报告
2	金属幕墙的造型和立面分隔应符合设计要求	观察;尺量检查
3	金属面板的品种、规格、颜色、光泽及安装方法应符合设计要求	观察;检查进场验收记录
4	金属幕墙主体结构上的预埋件、后置预埋件的数量、位置及后置预埋件的拉拔力必须符合设计要求	检查拉拔力检测报告和隐蔽工程验收记录
5	金属幕墙的金属框架立柱与主体结构预埋件的连接、立柱与横梁的连接、金属面板的安装必须符合设计要求,安装必须牢固	手扳检查;检查隐蔽工程验收记录
6	金属幕墙的防火、保温、防潮材料的设置应符合设计要求,并应密实、均匀、厚度一致	检查隐蔽工程验收记录
7	金属框架及连接件的防腐处理应符合设计要求	检查隐蔽工程验收记录和施工记录
8	金属幕墙的防雷装置必须与主体结构的防雷装置可靠连接	检查隐蔽工程验收记录
9	各种变形缝、墙角的连接点应符合设计要求和技术标准的规定	观察;检查隐蔽工程验收记录
10	金属幕墙的板缝注胶应饱满、密实、均匀、无气泡,宽度和厚度应符合设计要求和技术标准规定	观察;尺量检查;检查施工记录
11	金属幕墙应无渗漏	在易渗漏部位淋水检查

表4.7　金属幕墙一般项目及检验方法

项次	项目内容	检验方法
1	金属板表面应平整、洁净、色泽一致	观察
2	金属幕墙的压条应平直、洁净、接口严密、安装牢固	观察;手扳检查
3	金属幕墙的密封胶缝应横平竖直、深浅一致、宽窄均匀、光滑顺直	观察
4	金属幕墙上的滴水线、流水坡向应正确、顺直	观察;用水平尺检查
5	每平方米金属板的表面质量和检验方法应符合表4.8的规定	
6	金属幕墙安装的允许偏差和检验方法应符合表4.9的规定	

表4.8　每平方米金属板的表面质量和检验方法

项次	项目内容	质量要求	检验方法
1	明显划伤和长度>100 mm的轻微划伤	不允许	观察
2	长度≤100 mm的轻微划伤	≤8条	用钢尺检查
3	擦伤总面积	≤500 m^2	用钢尺检查

表4.9　金属幕墙安装的允许偏差和检验方法

项次	项目内容		允许偏差(mm)	检验方法
1	幕墙垂直度	幕墙高度≤30 mm	10	用经纬仪检查
		30<幕墙高度≤60 m	15	
		60<幕墙高度≤90 m	20	
		幕墙高度>90 m	25	
2	幕墙水平度	层高≤3 m	3	用水平仪检查
		层高>3 m	5	
3	幕墙表面平整度		2	用2 m靠尺和塞尺
4	板材立面垂直度		3	垂直检测尺检查
5	板材上沿水平度		2	用1 m水平尺和钢直尺检查
6	相邻板材角错位		1	用钢直尺检查
7	阳角方正		2	直尺检测尺检查
8	接缝直线度		3	拉5 m线,不足5 m拉通线,用钢直尺检查
9	接缝高低差		1	用钢直尺和塞尺检查
10	接缝宽度		1	用钢直尺检查

4.5.3　石材幕墙安装施工质量要求

1. 石材幕墙材料质量要求

(1)石材。

①石板材质。石材饰面板多采用天然花岗岩,常用板材厚度为25～30 mm。应选择质地密实、孔隙率小、含氧化铁矿成分少的品种。

②板材码放。板材对称码放在型钢支架两侧,每一侧码放的板块数量不宜太多,一般20 mm厚的板材最多8～10块。

③板材表面处理。花岗石尽管结构很密实,但其晶体间仍存在肉眼无法察觉的空隙,所以仍有吸收水分和油污的能力,所以对重要工程项目,有必要对饰面板进行化学表面处理。

(2)金属骨架。石材幕墙所用金属骨架材料应以铝合金为主,个别工程为避免电化学腐蚀,局部骨架有的采用不锈钢骨架,但目前较多项目均采用碳素结构钢。采用碳素结构钢应进行热浸镀锌防腐蚀处理,并在设计中避免用现场焊接连接,以保证石材幕墙的耐久性。

①铝合金型材。石材幕墙所用铝合金型材应符合国家标准《铝合金建筑型材》(GB/T 5237.1~5237.5—2008)中规定的高精级和《铝及铝合金阳极氧化膜与有机聚合物膜》(GB/T 8013.1~8013.3—2007)的规定,氧化膜厚度不应低于AA15级。铝合金型材的化学成分应符合现行国家标准《变形铝及铝合金化学成分》(GB/T 3190—2008)的规定。

②碳素钢型材。碳素钢型材应按照现行国家规范《钢结构设计规范》(GB 50017—2003)要求执行,其质量应符合现行标准《碳素结构钢》(GB/T 700—2006)的规定。手工焊接采用的焊条,应符合现行标准《碳钢焊条》(GB/T 5117—1995)或《低合金钢焊条》(GB/T 5118—1995)的规定,选择的焊条型号应与主体金属强度相适应。普通螺栓可采用现行标准《碳素结构钢》(GB/T 700—2006)中规定的Q235钢制成。应该强调的是,所有碳索钢构件应采用热镀锌防腐蚀处理,连接节点宜采用热镀锌钢螺栓或不锈钢螺栓。对现场不得不采用的少量手工焊接部位,应补刷富锌防锈漆。

③锚栓。幕墙立柱与主体钢筋混凝土结构宜通过预埋件连接,预埋件应在主体结构混凝土施工时埋入。如果在土建施工时没有埋入预埋件,此时如果采用锚栓连接,锚栓应通过现场拉拔等试验决定其承载力。

(3)金属挂件。金属挂件按材料分,主要有不锈钢类和铝合金类两种。不锈钢挂件主要用于无骨架体系和碳素钢骨架体系中,主要用机械冲压法加工。铝合金挂件主要用于石材幕墙和玻璃幕墙共同使用时,金属骨架也为铝合金型材,多采用工厂热挤压成型生产。

(4)密封胶。硅酮密封胶应有保质年限的质量证书。用于石材幕墙的硅酮结构密封胶还应有证明无污染的试验报告。硅酮结构密封胶、硅酮耐候密封胶必须有与所接触材料的相容性试验报告。橡胶条应有成分分析报告和保质年限的质量证书。

2. 幕墙工程验收时准备的文件和记录

幕墙工程验收时应准备并检查以下几种文件和记录。

(1)幕墙工程的施工图、结构计算书、设计说明及其他设计文件。

(2)建筑设计单位对幕墙工程设计的确认文件。

(3)幕墙工程所用各种材料、五金配件、构件及组件的产品合格证书、性能检测报告、进场验收记录和复验报告。

(4)幕墙工程所用硅酮结构胶的认定证书和抽查合格证明;进口硅酮结构胶的商检证;国家指定检测机构出具的硅酮结构胶相容性和剥离黏结性试验报告;采用密封胶的耐污染性试验报告。

(5)后置埋件的现场拉拔强度检测报告。

(6)幕墙的抗风压性能、空气渗透性能、雨水渗漏性能及平面变形性能检测报告。

(7)打胶、养护环境的温度。湿度记录;双组份硅酮结构胶的混匀性试验记录及拉断试验记录。

(8)防雷装置测试记录。

(9)隐蔽工程验收记录。

(10)幕墙构件和组件的加工制作记录;幕墙安装施工记录。

4.5.4 幕墙的安全控制

1. 安全生产培训教育

首先,进行进场的安全教育。重点是要提高每一个工人的安全意识,牢固树立"安全第一"的思想,并让他们明白建筑幕墙施工的特点和安全生产的关系,如做好高处作业、临边、洞口和脚手架上的防护,物料提升机的使用和安全防护,各类伤亡事故的预防以及突发事件的应急处理等。其次,进行各工种的安全教育。对工人要进行安全操作规程和操作技能教育,使其明白该工种怎样做才安全,明白为防止事故发生所必须执行的操作规则,即必须让工人明白在施工过程中哪些是该做的,哪些是不能做的。最后,开展班组的安全学习。班组长应根据工程施工进度的变化和施工环境的改变及班组内的安全动态,组织班组内的人员学习安全知识和安全操作规程,进一步提高每一个组员的安全意识。班组的安全学习宜定期进行,如每周一次。

2. 安全技术交底

安全技术交底是一项技术性很强的工作,对保证施工安全至关重要。安全技术交底要根据现场的具体情况,强调容易发生安全事故的工程部位,以及防止事故发生的措施。安全技术交底的时间可以分为施工前对整个工程的一次性交底和按施工进度根据现场情况分阶段交底。总之,安全技术交底要及时、细致,要切合现场的情况,切忌无的放矢。

3. 日常的检查监督

安全检查是安全生产日常管理的一项重要工作。根据建筑幕墙施工作业点比较分散的特点,工程项目部的负责人和管理人员要经常深入作业现场,对既定的安全技术措施、现场的安全管理制度的执行情况以及对照《建筑施工安全检查标准》(JGJ 59—2011)对施工现场人的不安全行为和物的不安全状态进行检查。发现事故隐患,要弄清原因和责任人,并限时整改。还要发动工人进行自检和互检,以利尽早发现事故隐患,消灭或降低损失。

4.6 玻璃幕墙工程实例

××盛世阳光大酒店玻璃幕墙施工方案

1. 施工准备

1)材料

(1)幕墙骨架。玻璃幕墙的骨架型材,如方钢管、角钢、槽钢、涂色镀锌钢板以及不锈钢、青铜等金属型材,必须符合设计要求选用合格产品,并应与铝合金框材相配合。

(2)预埋件、紧固件和连接件。幕墙的预埋件、紧固件、连接件和螺栓等,多采用Q235低碳钢制作的角码、锚筋、锚板、型钢及钢板加工件,其材质应符合设计要求。

(3)幕墙玻璃。应采用安全玻璃(夹层玻璃、夹丝玻璃和钢化玻璃),否则必须采取相应的安全措施。幕墙使用热反射镀膜玻璃时,应选用真空磁控阴极溅射镀膜玻璃(是将浮法玻璃板在真空磁控阴极溅射装置中形成金属氧化膜镀层,可根据功能要求生产不同透光率和反射率的单层或多层复合镀膜产品);对于弧形玻璃幕墙,可考虑采用以热喷镀法生产的幕墙镀膜玻璃(在玻璃温度为600 ℃左右时将镀膜材料喷射到玻璃表面,镀膜材料受热分解为金属氧化膜而与玻璃牢固结合)。在安装使用时应严格检查玻璃表面质量及其几何尺寸,玻璃的尺寸偏差、外观质量和性能等指标应符合现行的国家标准的规定。

(4)垫块、填充、嵌缝及密封材料。定位垫块、填充材料、嵌缝橡胶条及密封胶等材料的品种、规格、截面尺寸和物理化学性质等均应符合设计要求。

(5)玻璃幕墙的胶黏料。明框幕墙的中空玻璃密封胶,可采用聚硫密封胶和丁基密封腻子。隐框及半隐框幕墙的中空玻璃所用的密封材料,必须采用结构硅酮密封胶及丁基密封腻子。结构硅酮密封胶必须有生产厂家出具的黏结性、相容性的试验合格报告,要求必须与相黏结和接触的材料相容,与玻璃、铝合金型材(包括它们的镀膜)的附着力及耐久性均有可靠保证。

2)主要施工机具

双头切割机、单头切割机、冲床、铣床、钻床、锣榫机、组角机、扣胶机、玻璃磨边机、空压机、吊篮、卷扬机、电焊机、水准仪、经纬仪、胶枪、玻璃吸盘等。

3)作业条件

(1)主体结构完工,并达到施工验收规范的要求,现场清理干净,幕墙安装应在二次装修之前进行。可能对幕墙施工环境造成严重污染的分项工程应安排在幕墙施工前进行。

(2)应有土建移交的控制线和基准线。

(3)幕墙与主体结构连接的预埋件,应在主体结构施工时按设计要求埋设。

(4)吊篮等垂直运输设备安设就位,脚手架等操作平台搭设就位。

2. 施工步骤

测量放线→安装金属骨架→安装防火材料→安装石材板→处理板缝→清理板面。

3. 施工要点

1)构件加工制作

玻璃幕墙在制作前应对建筑设计施工图进行核对,并应对已建建筑物进行复测,按实测结果调整幕墙并经设计单位同意后,方可加工组装。玻璃幕墙所采用的材料、零附件应符合规范规定,并应有出厂合格证。加工幕墙构件所采用的设备、机具应能达到幕墙构件加工精度的要求,其量具应定期进行计量检定。隐框玻璃幕墙的结构装配组合件应在生产车间制作,不得在现场进行。结构硅酮密封胶应打注饱满,不得使用过期的结构硅酮密封胶和耐候硅酮密封胶。

2)构件式玻璃幕墙安装

(1)玻璃幕墙立柱的安装应符合以下几个要求。

①立柱安装轴线偏差不应大于2 mm。

②相邻两根立柱安装标高偏差不应大于3 mm,同层立柱的最大标高偏差不应大于5 mm;

相邻两根立柱固定点的距离偏差不应大于2 mm。

③立柱安装就位、调整后应及时稳固。

(2)玻璃幕墙横梁安装应符合以下几个要求。

①横梁应安装牢固,设计中横梁和立柱间留有空隙时,空隙宽度应符合设计要求。

②同一根横梁两端或相邻两根横梁的水平标高偏差不应大于1 mm。同层标高偏差:当一幅幕墙宽度不大于35 m时,不应大于5 mm;当一幅幕墙宽度大于35 m时,不应大于7 mm。

③当安装完成一层高度时,应及时进行检查,校正后固定。

(3)玻璃幕墙其他主要附件安装应符合以下几个要求。

①防火、保温材料应铺设平整,拼接处不应留缝隙。

②冷凝水排出管及其附件应与水平构件预留孔连接严密,与内衬板出水孔连接处应密封。

③其他通气槽孔及雨水排出口等应按设计要求施工,不得遗漏。

④封口应按设计要求进行封闭处理。

⑤玻璃幕墙安装用的临时螺栓等,应在构件紧固后及时拆除。

⑥采用现场焊接或高强螺栓紧固的构件,应在紧固后及时进行防锈处理。

(4)幕墙玻璃安装应按下列要求进行。

①玻璃安装前应进行表面清洁。除设计另有要求外,应将单片阳光控制镀膜玻璃的镀膜面朝向室内,非镀膜面朝向室外。

②应按规定型号选用玻璃四周的橡胶条,其长度宜比边框内槽口长1.5%~2%;橡胶条斜面断开后应拼成预定的设计角度,并应采用胶黏剂黏结牢固;镶嵌应平整。

(5)铝合金装饰压板的安装,应表面平整、色彩一致,接缝应均匀严密。

(6)硅酮建筑密封胶不宜在夜晚、雨天打胶,打胶温度应符合设计要求和产品要求,打胶前应使打胶面清洁、干燥。

(7)构件式玻璃幕墙中硅酮建筑密封胶的施工应符合以下两个要求。

①硅酮建筑密封胶的施工厚度应大于3.5 mm,施工宽度不宜小于施工厚度的两倍;较深的密封槽口底部应采用聚乙烯发泡材料填塞。

②硅酮建筑密封胶在接缝内应两对面黏结,不应三面黏结。

3)全玻幕墙安装

(1)全玻幕墙安装前,应清洁镶嵌槽;中途暂停施工时,应对槽口采取保护措施。

(2)全玻幕墙安装过程中,应随时检测和调整面板、玻璃肋的水平度和垂直度,使墙面安装平整。

(3)每块玻璃的吊夹应位于同一平面,吊夹的受力应均匀。

(4)全玻幕墙玻璃两边嵌入槽口深度及预留空隙应符合设计要求,左右空隙尺寸宜相同。

(5)全玻幕墙的玻璃宜采用机械吸盘安装,并应采取必要的安全措施。

4)点支承玻璃幕墙安装

(1)点支承玻璃幕墙支承结构的安装应符合以下几个要求。

①钢结构安装过程中,制孔、组装、焊接和涂装等工序均应符合现行国家标准《钢结构工程施工质量验收规范》(GB 50205—2001)的有关规定。

②轻型钢结构构件应进行吊装设计，并应试吊。

③钢结构安装就位、调整后应及时紧固，并应进行隐蔽工程验收。

④钢构件在运输、存放和安装过程中损坏的涂层以及未涂装的安装连接部位，应按现行国家标准《钢结构工程施工质量验收规范》(GB 50205—2001)的有关规定补涂。

(2)张拉杆、索体系中，拉杆和拉索预拉力的施加应符合以下几个要求。

①钢拉杆和钢拉索安装时，必须按设计要求施加预拉力，并宜设置预拉力调节装置；预拉力宜采用测力计测定。采用扭力扳手施加预拉力时，应事先进行标定。

②施加预拉力应以张拉力为控制量；拉杆、拉索的预拉力应分次、分批对称张拉；在张拉过程中，应对拉杆、拉索的预拉力随时调整。

③张拉前必须对构件、锚具等进行全面检查，并应签发张拉通知单。张拉通知单应包括张拉日期、张拉分批次数、每次张拉控制力、张拉用机具、测力仪器及使用安全措施和注意事项。

④应建立张拉记录。

⑤拉杆、拉索实际施加的预拉力值应考虑施工温度的影响。

(3)成品保护

①加工与安装过程中，应特别注意轻拿、轻放，不能碰伤、划伤，加工好的铝材应贴好保护膜和标签。

②安装铝合金框架过程中，注意对铝框外膜的保护，不得划伤。搭设外架子时注意对玻璃的保护，防止撞破玻璃。

③铝合金横、竖龙骨与各附件结合所用的螺栓孔，要预先用机械打好孔，不得用电焊烧孔。

④在安装过程中，要支搭安全网，防止构件下落。

⑤加强半成品、成品的保护工作，保持与土建单位的联系，防止已安装好的幕墙被划伤。

实训项目：石材幕墙施工实训

1. 注意事项(参照本节所述相关内容)

1)实训准备

①选择实训场地。

②主要材料。

③具备的施工作业基本条件。

④主要机具。

2)施工工艺流程

3)施工质量控制要点

4)完成评价

2. 学生实训操作评价标准

学生实训操作评价标准，见表4.10。

表4.10　学生实训操作评价标准表

序号	施工实训 操作项目	评价内容	评价方式	评价 分值
1	实训态度	包括出勤及完成的认真程度	形成性评价 总结性评价	10
2	绘制外墙干挂石 材立面图	线型、比例、标注等		5
3	构造做法详图	线型、比例、标注等		5
4	安装预埋件 测量放线	基层的平整度及弹线的 方法、位置的准确度		20
5	金属骨架安装	龙骨的连接方法及牢固度		20
6	石材饰面板安装 嵌胶封缝	面层板材与骨架连接方法 和嵌胶封缝严密程度		30
7	实训总结	分组讨论并形成 总结报告要点		10
合　计				100

本实训按百分制考评,60分为合格。

情景小结

随着新型装饰材料的不断推出和科技的快速发展、建筑物高度的不断攀升和对装饰空间要求的不断提高,玻璃幕墙、金属幕墙、石材幕墙装饰被越来越多地应用在各类建筑物的外墙装饰中。幕墙材料呈现出以下几个显著特点。

(1)从笨重型走向更轻型的板材和结构(天然石材厚度25 mm,新型材料最薄达到1 mm)。

(2)从品种少逐步走向多类型的板材及更丰富的色彩。目前有石材、陶瓷板、微晶玻璃、高压层板、水泥纤维丝板、玻璃、无机玻璃钢、陶土板、陶保板、金属板等近60种板材应用在外墙。

(3)更高的安全性能。

(4)更灵活、方便、快捷的施工技术。

(5)更高的防水性能,延长了幕墙的寿命(从封闭式幕墙发展到开放式幕墙)。

(6)环保节能。目前欧美建筑市场比较常用的为金属装饰保温板,由经过彩色烤漆的铝锌合金雕花饰面、聚氨酯保温层、玻璃纤维布复合而成;兼顾装饰和保温节能功能,面漆10~15 a无褪色,整体使用寿命可达45 a。

思考题

1. 幕墙有哪几种类型?
2. 玻璃幕墙有哪几种骨架体系?
3. 简述元件式与单元式明框玻璃幕墙的构造特点。
4. 简述金属幕墙的分类及构造。
5. 简述金属幕墙安装施工工艺流程。
6. 简述金属幕墙的施工要点。
7. 石材干挂法构造分类有哪几种? 其基本构造各是怎样的?
8. 简述石材干挂法的施工要点。

参考文献

[1] 周英才. 建筑装饰构造[M]. 北京:科学出版社,2011.
[2] 王旭光,王营. 建筑装饰装修构造[M]. 2 版. 北京:化学工业出版社,2010.
[3] 沙玲. 建筑装饰施工技术[M]. 北京:机械工业出版社,2009.
[4] 刘念华,刘国文,李君. 地面装饰工程[M]. 北京:化学工业出版社,2009.
[5] 李继业,邱秀梅. 建筑装饰施工技术[M]. 2 版. 北京:化学工业出版社,2011.